空气炸锅
懒人食谱

刘哲菲 / 编著

江苏凤凰科学技术出版社・南京

图书在版编目（CIP）数据

空气炸锅懒人食谱 / 刘哲菲编著 . -- 南京：江苏凤凰科学技术出版社，2025.1. -- ISBN 978-7-5713-4696-6

Ⅰ. TS972.133

中国国家版本馆 CIP 数据核字第 2024PJ1527 号

中国健康生活图书实力品牌
版权归属凤凰汉竹，侵权必究

空气炸锅懒人食谱

编　　　著	刘哲菲
责 任 编 辑	刘玉锋　赵　呈
特 邀 编 辑	陈　旻
责 任 设 计	蒋佳佳
责 任 校 对	仲　敏
责 任 监 制	刘文洋

出 版 发 行	江苏凤凰科学技术出版社
出版社地址	南京市湖南路 1 号 A 楼，邮编：210009
出版社网址	http://www.pspress.cn
印　　　刷	江苏凤凰新华印务集团有限公司

开　　　本	720 mm×1000 mm　1/16
印　　　张	14
字　　　数	220 000
版　　　次	2025 年 1 月第 1 版
印　　　次	2025 年 1 月第 1 次印刷

标 准 书 号	ISBN 978-7-5713-4696-6
定　　　价	49.80 元

前 言

厨房"小白"，怎样轻松入门不失败？

空气炸锅做的菜都不健康？

你真的会用空气炸锅吗？

……

很多人对空气炸锅有误解，总觉得用它做出来的食物都重油重盐、非常不健康。其实，只要用对空气炸锅，就能轻松做出健康美食。本书推荐的菜谱以少油、低盐、减糖为原则，不用或只用一点油就能做出外焦里嫩、金黄酥脆的美味，让你实现脂肪低负担。

然而，不是每个人都能一下子就会用空气炸锅轻轻松松做出美味大餐，如果摸不对自家空气炸锅的"脾气"，那可就是一场大灾难：表皮焦透内里不熟的鸡翅、爆炸版蛋糕、焦煳的牛排……

因此，本书从选材到切配，从烹饪到摆盘，每一步都深思熟虑、反复尝试，最终打磨出145道适合厨房新手的空气炸锅食谱，更为不同"脾气"的炸锅提供了烹饪备选方案，分享给读者。为了呈现完美的图片效果和让读者一看就会的视频，作者历时半年拍摄，将每道菜都精心拍摄两遍，一遍是拍摄图片，一遍是拍摄视频。

跟着本书学做空气炸锅美食，把复杂的烹饪过程简单化，在收获美食的同时，也为生活减负。

目录

快速上手的空气炸锅

健康少油的禽畜肉蛋

营养清新的蔬果素食

鲜味十足的鱼虾蟹贝

能量满满的可口主食

孩子爱吃的西式点心

吃不停口的放心零食

本书调味料计量说明

1汤匙	1茶匙	1/2茶匙	1/4茶匙
≈15毫升	≈5毫升	≈2.5毫升	≈1.25毫升
≈15克	≈5克	≈2.5克	≈1.25克

注：菜谱所标注分量只为参考量值，具体用量在保
证成功率的基础上可根据个人口味进行调整。

快速上手的空气炸锅

空气炸锅全图解

就中国人的饮食习惯来说，不管是微波炉还是烤箱，都不足以全面应付中餐的烹饪需求，尤其是炸、炒、烤、煎这几种烹饪方式。但是，现在有一台空气炸锅就能解决炸、炒、烤、煎，甚至能做饼干、蛋糕等。全程自动操作，操作简单，上菜快速，做出的美味也更健康。

机械式温度 / 时间控制面板
可精准控制温度及时间，并有常见食材烤制时间提示。

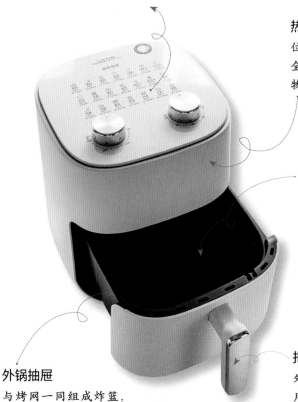

热电管及风扇
位于炸篮上方，可快速、全方位均匀散热，使食物各部分均匀熟透。

炸网
可拆式炸篮专属烤网，具有防粘涂层，可避免许多类型食物粘连，底部孔洞设计，可滤出多余油脂。

把手
外锅抽屉附有把手，采用电镀工艺，握感舒适，抽取时不易烫手。

外锅抽屉
与烤网一同组成炸篮，也有防粘涂层，可盛接滤出的油脂，也可单独使用。

空气炸锅的优势：操作简单、快速上菜、少油健康

现在享用美食不再只是满足口腹之欲，更是追求健康与美味的完美结合。在众多厨房"神器"中，空气炸锅凭借其新颖的烹饪方式和多种功能，成为备受欢迎的一员。可用空气炸锅制作的美食种类丰富，有海鲜、禽畜肉、蛋、蔬菜瓜果、面点甜品以及各种零食小吃……除了用途广泛，它的主要优势还有以下几点。

健康烹饪：空气炸锅采用少油或无油的烹饪方式，与传统的油炸相比，减少了食物中的油脂，使烹饪更健康。

保留原味：空气炸锅采用高温循环的烹饪方式，能够使食材更快速、均匀地受热，从而保留食材的原汁原味，使食材更加鲜嫩，而且营养损失较少。

外酥里嫩：空气炸锅能够使食物表面形成脆皮，同时保持内部湿润，制作出外酥里嫩的美食。

操作简单、时间短：空气炸锅操作简单易上手，采用高温循环的烹饪方式，缩短了烹饪时间，尤其适用于工作忙碌的上班族和有学生的家庭。

无异味：空气炸锅在烹饪过程中产生的烟雾和异味较少，让厨房环境更洁净，不会因为做一次饭菜让整个家弥漫着油烟味。

多样性烹饪：空气炸锅不仅适用于传统的油炸，还可以用来烤、烘等，实现了食物烹饪的多样性。

空气炸锅的选择和保养

想要空气炸锅不闲置，并且能"深度开发"它的烹饪能力，首先你需要挑选适合自己家庭的空气炸锅，而正确的保养，则直接关系到空气炸锅的使用寿命。下面为大家详细介绍空气炸锅的选择和保养要点。

● 空气炸锅的选择

因为空气炸锅要长期高温工作，所以一定要选择材料安全、耐高温烘烤、不会产生有毒物质的产品。目前，市面上的空气炸锅品质参差不齐。为了家人的健康，要选择口碑好、质量过硬的空气炸锅，毕竟购买厨电也讲究"一分价钱一分货"。此外，还有几点要格外注意。

容量： 建议根据家庭人数和烹饪需求选择容量。通常来说，3~4升适合三口之家，5~6升适合五口之家。本书中使用的空气炸锅容量为5升。

功率： 功率直接影响空气炸锅的加热速度和烹饪效果。通常而言，功率越高，加热越快，电能消耗也更多。一般3~4升的空气炸锅功率为1200~1500瓦，5~6升为1500~1800瓦。本书中使用的空气炸锅功率为1500瓦。

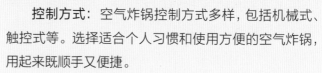
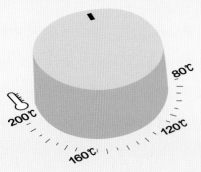

控制方式： 空气炸锅控制方式多样，包括机械式、触控式等。选择适合个人习惯和使用方便的空气炸锅，用起来既顺手又便捷。

温度范围和预设程序： 一些高级的空气炸锅温度调节范围更广，预设程序更多样，可以更灵活地满足不同食材的烹饪需求。

清洁设计： 选择易于清洁的空气炸锅，部件拆洗方便，可以大大减少清理的麻烦。

◉ 空气炸锅的保养

购买空气炸锅后，还要注意正确使用和保养，这样才能延长空气炸锅的使用寿命，并保证它在使用期间展现良好性能。

定期清理：在使用空气炸锅的过程中，会有一些残渣和油脂堆积在烤网上和外锅抽屉底部。虽然可借助油纸盘、锡纸盘等一次性"懒人小工具"，但还是建议每次使用后都对空气炸锅进行简单的清理，并定期进行深度清洁，以保持空气炸锅干净卫生，延长它的使用寿命。

避免使用尖锐工具：在清洁空气炸锅时，要避免使用尖锐的金属工具，以免刮伤防粘涂层，影响空气炸锅的使用寿命和烹饪效果。

定期检查零部件：要定期检查空气炸锅的各个零部件，确保它们完好无损。特别是加热元件和风扇等关键部件，要勤加检查，确保其能够正常运转。

遵循使用说明：严格遵循制造商的使用说明，包括使用限制、清洗方法等，确保使用空气炸锅的安全。

选择一款适合自己需求的空气炸锅，并且养成定期保养的好习惯，不仅可以提升烹饪能力，做出更美味的食物，还能延长空气炸锅的使用寿命，减少损耗，为厨房生活带来更多的便利和乐趣。

空气炸锅好用必备配件

在使用空气炸锅时，一些小工具可以使烹饪更加方便、高效，提升食物的口感。以下是一些可以搭配空气炸锅使用的常见工具。

食品刷

用于轻轻蘸取、涂刷食用油或酱汁，将料汁均匀刷在食物表面，让成品色泽更均匀，口感也更好。

食物夹

便于将烹饪完成的食物从炸篮中取出，避免直接用手接触炸篮或热的食物。

厨房剪刀

用于裁剪食材或者剪开食物表面的保鲜膜，使用方便且更卫生。

铝箔（俗称"锡纸"，本书中即采用这种叫法）

可以使食物受热更均匀。在烹饪过程中将铝箔覆盖在食物表面，可以避免出现食物上色过重而内部不熟的情况。

计时器

有时空气炸锅自带的机械计时器用起来会有误差，造成食物烹饪不到位或煳锅，而自备一个精准的电子计时器可以避免上述问题，提高烹饪成功率。

喷油瓶

通过喷洒油液，可以让食物更加均匀地吸收油脂，有助于提升烹饪效果和食物的口感，使得食物更加酥脆或多汁。

油纸盘

可以避免酱汁滴落，通过将食物与炸篮隔离，减轻清洗负担并可防止烹饪酱汁较多的食物时煳底。

各种耐烤容器

烹饪不同的食物需要用到不同的容器，例如蛋糕烤盘、耐热烤碗、铝箔碗（俗称"锡纸盘"，本书中即采用这种叫法）等。

防烫手套及防烫垫

空气炸锅在烹饪过程中会发烫，使用烹饪手套及防烫垫接触炸锅、拿取炸篮、取出食物、盛放食物可以避免被烫伤。

上述工具可以让空气炸锅使用更便捷，烹饪事半功倍，还能让食物色、香、味俱全。可以根据个人实际需求以及不同食材的特点和烹饪方式灵活购买、选用空气炸锅。

空气炸锅开锅及使用技巧

空气炸锅买回家后，可以立即用来炸食物吗？不！你需要清洁并开锅。不同品牌的空气炸锅开锅步骤有所不同，要按照说明书的指示去操作。一般情况下，先用温和的清洁剂清洗炸篮，然后将其放回空气炸锅内，再放一杯泡有柠檬片的水，200摄氏度空转5分钟左右，清洁和开锅的工序就完成了。除此以外，以下几点使用技巧更能让美味加分！

技巧1

预热空气炸锅：与使用传统烤箱类似，预热空气炸锅能够更均匀地加热食物，保证烹饪效果。

技巧2

给食物喷水：在烹饪水分含量高的食物时，使用喷水瓶将食物表面轻轻喷湿，可以让食物形成更脆的外皮，比如制作薯条或者炸鸡。

技巧3

给炸篮留点空间：不要在炸篮里装过多的食物，只有确保空气流通，食物才能够更均匀地受热，口感更美，外观更精致。

技巧4

摇动食物：在烹饪有些食物的过程中，可以抽出炸篮，轻轻摇动，以确保食物均匀受热，避免局部烤焦。

技巧5

尝试预烤：对于一些需要较长时间烹饪的大肉块，可以在使用空气炸锅之前进行预烤，然后改刀分割成合适的大小，再使用空气炸锅二次烤制，迅速完成烹饪，提升口感。

技巧6

尝试多层烹饪：如果要同时烹饪不同的食物，可以尝试使用多层烹饪篮，合理搭配不同食材，提高效率。

技巧7

尝试食材搭配：在同一次烹饪中，可以将烹饪时间和温度相近的食材进行合理搭配，一次尝到多种美味。

技巧8

适时翻面：对于一些较大的食物，例如鸡腿，适时地翻面能确保两面均匀受热，烤制彻底。

技巧9

巧用面包屑、芝麻或坚果碎等食材：在炸食物前，可以使食材表面裹上一层薄薄的面包屑；在食物上桌前撒上芝麻或坚果碎，可以提高卖相，丰富食物的口感。

技巧10

冷却后再食用：有些食物在烹饪完成后，要在空气炸锅中稍微冷却一会儿，这样可以使其外皮更为酥脆，内部更为松软嫩滑，这个小技巧尤其适用于烤制饼干。

这些小技巧可以帮助大家更好地利用空气炸锅，在烹饪中发现更多乐趣、发挥更多创意。不同的食材和烹饪方式可能需要不同的技巧，所以要尽量尝试各种组合，找到适合自己口味的方式。

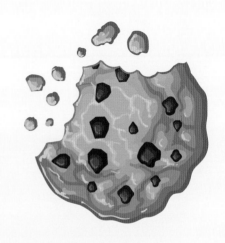

食物炸制时间及温度一览表

空气炸锅的炸制时间和温度可以根据不同的食材和个人口味进行调整。这里提供一份常规温度参考表。请注意，具体的烹饪时间和温度因空气炸锅型号和具体情况、口感追求而异，建议在烹饪前详细查阅空气炸锅的使用手册和食谱。

下面按照不同的食材分类列举空气炸锅的炸制时间和温度。

⚠ **注意事项**

◇食物切割的大小和形状会影响炸制时间，更大体积的食物通常需要更长的时间。

◇在炸制的过程中，可以适时翻转食物，确保食物上下两面均匀受热。

◇在食物表面喷水或刷油可以让其外皮更酥脆。

◇温度和时间的调整取决于个人口味，可以根据自己的喜好进行合理调整。

◉ 肉

食物	炸制时间（分钟）	炸制温度（摄氏度）
鸡翅	25~30	180~200
鸡腿	30~35	180~200
鸡胸肉	20~25	180~200
牛排（中熟）	12~15	200~220
猪排	15~20	180~200

◉ 水产品

食物	炸制时间（分钟）	炸制温度（摄氏度）
鱼柳	12~15	200~220
鳕鱼块	15~20	180~200
虾仁	10~12	180~200
鱿鱼圈	8~10	180~200

◉ 蔬菜

食物	炸制时间（分钟）	炸制温度（摄氏度）
薯条	15~20	180~200
圆形土豆片	12~15	180~200
西蓝花	10~12	180~200
洋葱圈	12~15	200~220
红薯块	15~20	180~200

◉ 小吃

食物	炸制时间（分钟）	炸制温度（摄氏度）
薯饼	10~12	200~220
春卷	12~15	180~200
煎饺	10~12	180~200
肉丸	12~15	180~200

小贴士

◎上面列举的时间和温度仅供参考，具体的烹饪时间和温度需要根据空气炸锅的型号、个人经验和需求进行调整。在使用新食材或新空气炸锅首次烹饪时，要勤加观察，以便根据实际情况及时进行调整。

◎不同品牌、型号的空气炸锅，功率和容量不同，请根据自家空气炸锅的"脾气"适度进行调整。

空气炸锅能做的美食有很多

能用空气炸锅制作的美食种类非常丰富，有海鲜、禽畜肉、蛋、蔬菜瓜果、面点主食、甜品和零食小吃……毫不夸张地说，空气炸锅可以成为家中的"万能厨师"。

鸡翅、鸡块：空气炸锅让炸鸡外皮变得金黄酥脆，鲜嫩多汁的鸡肉更是令人垂涎欲滴。

薯条、薯片：空气炸锅不必使用大量油，也可以炸出香脆可口的薯条和薯片。

炸鱼：想要品尝炸鱼的鲜香酥脆，但又担心摄入过多油脂？空气炸锅通过高温热风，在保持鱼肉湿润的同时，让鱼皮酥脆，营养和美味兼得。

烤面包、比萨：空气炸锅不仅可以炸制菜肴，还可以用来烘烤面包和比萨，让早餐或晚餐更加简便美味。

春卷、煎饺：无须担心"过油就油腻"，空气炸锅可以让春卷或煎饺外皮酥脆、内馅鲜美，告别满手满嘴油。

甜点：想要享受甜品又担心热量摄入太高？用空气炸锅制作甜甜圈、苹果派等甜点，可以减少油等原料的添加，使甜点健康又美味。

烤鸡腿、全鸡：空气炸锅让烤鸡更加简单，烤好的鸡外皮香脆，肉质紧实多汁，出锅时还带着炭火烧烤的味道。

蔬菜薯饼：利用空气炸锅炸制蔬菜和土豆混合而成的薯饼，健康素食也可以变得更加美味。

低糖少盐酱料和炸物更搭

　　传统炸物通常会佐以高盐高糖的酱料，这不仅不利于健康，还可能掩盖食材本身的美味。因此，选择减盐、低糖、好吃的酱料对做出美味的食物至关重要。例如，可以尝试使用减盐酱油、低糖番茄酱、无糖芥末等替代传统调味品。这样可减少盐和糖分的摄入，更好地凸显食材的天然风味。

　　减盐酱油：这类酱油在减少盐的摄入的同时还能为食物增添别样的香气。

　　低糖番茄酱：既保留了酸甜的口感，又降低了糖分的摄入。

　　代糖：甜度高、用量少、热量低，可代替传统的绵白糖、白砂糖等。

　　适度使用香醋：烹饪菜肴时加一点香醋，既能呈现酸爽口感，又可以减少盐分的摄入。

　　自制酱料：食材干净、制作过程透明，没有过多添加，吃起来美味又健康。下面将介绍几种常见酱料的自制方法，大家可自行调整原料配比，比如减少盐和糖的使用量。

● 自制椒盐

材料准备：花椒 35 克，盐 20 克，熟白芝麻 5 克，孜然粒 1 茶匙，白胡椒粉 1/2 茶匙。

制作方法：干锅放盐，小火炒至微黄。锅中加入花椒、孜然粒、白胡椒粉，小火炒 2 分钟至有椒香味，关火。炒料凉凉后，放入料理机，加入熟白芝麻，打成粉。将做好的椒盐凉凉后盛放在无油无水的密封瓶内保存即可。

● 自制烧烤酱

材料准备：苹果 1/2 个，洋葱 1/2 个，冰糖 30 克，糯米粉 20 克，蚝油、盐各 1 茶匙，自制椒盐、五香粉、大蒜粉、黑胡椒粉各 1/2 茶匙。

制作方法：苹果、洋葱洗净，切小块，放入料理机打成泥备用。锅中加入冰糖，小火加热至起小泡，加入 50 毫升水搅匀，加入盐、自制椒盐、黑胡椒粉、五香粉、大蒜粉，翻拌均匀后煮开。锅中加入打好的苹果洋葱泥，翻拌均匀后再加入糯米粉，边煮边快速搅拌，防止糊底。收汁成浓稠的酱状时加入蚝油，翻拌均匀后关火，凉凉后放入密封瓶冷藏保存，尽快取用。

● 自制蒜蓉酱

材料准备：蒜 2 头，姜片 15 克，橄榄油 3 汤匙，生抽 2 汤匙，料酒、蚝油、香油各 1 汤匙，白砂糖 1 茶匙。

制作方法：蒜剥皮洗净，压成蒜蓉备用。锅中加入橄榄油，凉油下姜片，小火炸至姜片金黄有香味，夹出。锅中加入 2/3 蒜蓉，炸出香味时加入料酒、生抽、蚝油、白砂糖，搅匀慢炸出浓香味时加入香油翻拌均匀，再炸制 1 分钟后关火。将炸好的蒜蓉与剩余的 1/3 蒜蓉混合，凉凉后装入密封瓶保存，尽快取用。

自制鸡精

材料准备：鸡胸肉300克，鲜香菇80克，香叶1片，炖肉料10克，花椒12颗，盐、白砂糖各1茶匙。

制作方法：鸡胸肉洗净去筋膜，切片备用。锅中加入水、鸡肉片、香叶、炖肉料、花椒，煮开后撇去浮沫，再煮15分钟后关火捞出。鲜香菇洗净切片，放入油纸盘，空气炸锅180摄氏度烤制20分钟至香菇片变干（中途取出翻拌1次）。将鸡肉片晾干。香菇片和鸡肉片晾晒脱水。将干鸡肉片撕小块，与香菇片、盐、白砂糖一同放入料理机，磨成细粉。将细粉倒入盘中凉凉，再放入密封瓶内保存，尽快取用。

自制香辣烧烤料

材料准备：二荆条辣椒30克，红灯笼辣椒15克，花生仁80克，白砂糖、盐、熟白芝麻各4茶匙，孜然粒2茶匙，干柠檬皮、干薄荷各少许。

制作方法：炸篮内放入油纸盘，放入花生仁，空气炸锅180摄氏度烤制8分钟后取出凉凉去皮。炸篮中放入一张新的油纸盘，两种辣椒洗净，和孜然粒平铺放入，烤制5分钟。将烤好的花生仁、辣椒、孜然粒混合，装入料理机分次磨成粉。磨好的粉倒进大碗中与熟白芝麻混合均匀，加入白砂糖、盐，再次拌匀。干柠檬皮和干薄荷分别磨成粉，拌入辣椒粉中，装入密封瓶中保存，尽快取用。

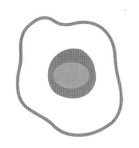

健康少油的
禽畜肉蛋

蒜香烤排骨

扫一扫 跟着做

烤制温度	烤制时间	难易度
180 摄氏度	22 分钟	★ 1 颗星

🍴 材料准备

● 新鲜猪肋排	500克
● 蒜	5瓣
● 料酒	1汤匙
● 生抽	1汤匙
● 老抽	1茶匙
● 白砂糖	1茶匙
● 蚝油	1茶匙
● 盐	1茶匙
● 黑胡椒粉	1/2茶匙

（本书只列出主要材料供参考，油、水等基础材料不再一一标出，其用量可根据个人口味自行调整。建议正式烤制前将空气炸锅预热3~5分钟，效果更佳）

🍴 制作方法

1. 新鲜猪肋排切块，放入碗中，加入少量面粉和水，反复揉搓后用水冲洗干净。

2. 洗净的猪肋排放入碗中，再次加入水，浸泡30分钟；捞出猪肋排沥干水分，放入密封袋中。

3. 蒜切末；密封袋中加入料酒、生抽、老抽、白砂糖、蚝油、盐、黑胡椒粉和蒜末后封口，将猪肋排和腌料抓揉均匀，放入冰箱冷藏腌制过夜。

4. 空气炸锅180摄氏度预热5分钟，放入油纸盘，码入腌好的猪肋排，腌渍汤汁留用。

5. 烤11分钟后取出翻面，淋入留用的汤汁，继续烤制11分钟即可出锅装盘。

小贴士

◎ 在烤制猪肋排前尽量把蒜末去掉，避免烤煳。

◎ 调味料也可以按个人喜好进行调整。

烤制温度	烤制时间	烤易度
180 摄氏度	14 分钟	★ 1颗星

扫一扫 跟着做

香烤五花肉

材料准备

带皮五花肉	500克
蒜	4瓣
生抽	1茶匙
蚝油	1茶匙
辣椒粉	1茶匙
盐	1/2茶匙
黑胡椒粉	1/2茶匙

制作方法

带皮五花肉洗净，切薄片，放入碗中；蒜切末。

五花肉中加入生抽、蚝油、盐、辣椒粉、黑胡椒粉、蒜末，抓拌均匀，腌制1小时。

空气炸锅180摄氏度预热，将腌好的肉铺入油纸盘中，可按容量分成2盘或3盘。

将油纸盘放入空气炸锅，五花肉烤制7分钟后翻面，继续烤制7分钟即可出锅装盘。

重复步骤④，烤制下一盘，直至全部烤完。可按个人喜好搭配生菜叶或蘸料食用。

小贴士

◎不建议烤制时一次性重叠放入过多肉片，以免影响成熟时间和口感。

彩椒牛肉粒

烤制温度
200
摄氏度

烤制时间
13
分钟

难易度
★
1颗星

扫一扫 跟着做

肉质细嫩的牛里脊块,吸饱了料汁,入口留香,搭配红、黄、绿彩椒,不仅口感更丰富,营养也更均衡。

材料准备

牛里脊肉	250克	姜	2片
蛋清	1个	料酒	1汤匙
红彩椒	1/3个	生抽	1茶匙
黄彩椒	1/3个	白砂糖	1茶匙
绿彩椒	1/3个	蚝油	1茶匙
淀粉	1茶匙	盐	1/2茶匙
蒜	2瓣	黑胡椒粉	1/2茶匙

制作方法

1 牛里脊肉洗净，顺着纹理切开后再切成小块，放入碗中。

2 加入料酒、生抽、盐、白砂糖、淀粉、姜片、蛋清、黑胡椒粉。

3 抓拌均匀，盖上盘子腌制30分钟。

4 把红彩椒、黄彩椒、绿彩椒分别切成适口的小块；蒜切碎。

5 锡纸盘里喷一层油，放入腌制好的牛肉块，铺平后再喷一层油。

6 空气炸锅200摄氏度预热5分钟，将锡纸盘放入炸篮，烤制7分钟，取出翻面。

7 放入彩椒块，撒上蒜末，淋入蚝油，翻拌均匀。

8 将锡纸盘放入空气炸锅，继续烤制6分钟即可出锅装盘。

小贴士

◎如果空气炸锅容量较小，可以将食材分成2盘烤制。

◎牛里脊肉肉质细嫩、质地均匀，切出的牛肉粒易于咀嚼，口感柔软。

牙签肉

扫一扫 跟着做

烤制温度	烤制时间	难易度
180 摄氏度	14 分钟	★★ 2颗星

材料准备

猪后腿肉	400克
自制香辣烧烤料	20克
料酒	1汤匙
盐	1茶匙
姜粉	1/2茶匙
五香粉	1/2茶匙
孜然粉	1/2茶匙

制作方法

猪后腿肉洗净，切小块，放入碗中，加入所有调料，搅拌均匀，盖上保鲜膜腌制4小时。

腌好的肉2块或3块为一组，穿在牙签中部，牙签两头露出，方便抓取。

油纸盘上喷一层油，排入串好的肉串，再喷一层油。油纸盘放入炸篮内，180摄氏度烤制7分钟。

取出肉串翻面，继续烤制7分钟，至肉串两面金黄即可出锅装盘。

小贴士

○ 选择稍带一点肥肉的猪后腿肉，烤制成的牙签肉会更香。

○ 如果没有自制香辣烧烤料，可用袋装奥尔良烤鸡粉代替。

22

烤制温度
180
摄氏度

烤制时间
20
分钟

烘焙度
★
1 颗星

扫一扫 跟着做

椒香牛肉干

材料准备

● 牛后腿肉		500克
● 料酒		1汤匙
● 生抽		1汤匙
● 老抽		1茶匙
● 白砂糖		2茶匙
● 盐		1/2茶匙
● 黑胡椒粉		1/2茶匙
● 白胡椒粉		1/2茶匙
● 五香粉		1/2茶匙
● 孜然粉		1/2茶匙
● 花椒粉		1/2茶匙

制作方法

牛后腿肉洗净,加水浸泡4小时,中途换水,取出牛肉切成大片,将牛肉片再次放入碗中加水浸泡2小时。

取出牛肉片,擦干水,用刀背将每片肉的正反两面拍松。

牛肉片放入碗中,加入所有调料,抓拌均匀,盖上保鲜膜密封,放入冰箱冷藏腌制过夜。

空气炸锅180摄氏度预热5分钟,放入油纸盘,喷一层油,铺入腌好的牛肉片,再喷一层油,烤制10分钟。

烤好后翻面,继续烤制10分钟即可出锅装盘。

小贴士

● 天气较为炎热时,需要将牛肉放入冰箱冷藏室浸泡。

● 烤制过程中牛肉片出水过多,要将汁水倒掉后继续烤制。

23

炸藕盒

烤制温度
180
摄氏度

烤制时间
28
分钟

难易度
★
1颗星

藕盒表面喷一层油，烤到
起酥，内里却是粉糯清甜，
混合肉的香味，咬上一口，
满满的幸福滋味。

🍳 材料准备

		腌肉料		面糊料	
莲藕	1节	葱	1根	水	130毫升
猪肉馅	200克	生抽	2汤匙	面粉	70克
		料酒	1汤匙	玉米淀粉	30克
		香油	2茶匙	盐	1/2茶匙
		盐	1/2茶匙	小苏打粉	1/2茶匙
		姜粉	1/2茶匙		
		五香粉	1/2茶匙		

🔪 制作方法

猪肉馅中加入姜粉、料酒、盐、生抽、五香粉,搅拌均匀。

加入香油翻拌均匀后盖上保鲜膜密封,放入冰箱冷藏腌制2小时。

葱洗净切末;莲藕洗净去皮,切厚片,第一刀不切断,第二刀切断,形成一个藕盒。

取出腌制好的肉馅,加入葱末翻拌均匀,用筷子将肉馅均匀填入藕盒中备用。

碗中加入面粉、玉米淀粉、盐、小苏打粉及水,调成可滴落的面糊。

炸篮内放入油纸盘,喷一层油,将藕盒均匀裹上面糊,放入油纸盘,再喷一层油。

空气炸锅180摄氏度烤制20分钟,取出藕盒翻面。

继续烤制8分钟,至藕盒表面金黄即可出锅装盘。

小贴士

◇调制面糊时要注意少量多次加水,不能一次加太多,要和成浓稠的酸奶状面糊挂在藕盒上,和得稀了就难以挂浆。

百里香琵琶腿

扫一扫 跟着做

烤制温度	烤制时间	难易度
180 摄氏度	23 分钟	★ 1颗星

🍴 材料准备

● 鸡琵琶腿	3个
● 熟白芝麻	15克
● 蒜末	1茶匙
● 料酒	1汤匙
● 生抽	1汤匙
● 姜	5片
● 老抽	1茶匙
● 蜂蜜水	1小碗
● 盐	1/2茶匙
● 五香粉	1/2茶匙
● 孜然粉	1/2茶匙
● 百里香叶	1/2茶匙
● 黑胡椒粉	1/2茶匙
● 辣椒粉	1/2茶匙
● 柠檬汁	1/2茶匙

🔪 制作方法

1. 鸡琵琶腿洗净，将一面沿骨头左右两侧各切一刀，用刀背把腿骨敲断。

2. 处理好的琵琶腿放入碗中，加入所有调料，抓拌均匀，用保鲜膜贴面覆盖，腌制1~2小时。

3. 空气炸锅180摄氏度预热5分钟。油纸盘上码好琵琶腿，放入炸篮，180摄氏度烤制10分钟。

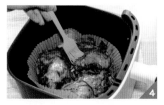

4. 琵琶腿取出翻面，再烤制10分钟，取出刷一层蜂蜜水，撒上少量熟白芝麻。

5. 继续烤制3分钟即可出锅装盘。

小贴士

◦ 鸡琵琶腿洗净后再用水浸泡半小时，可以去除血水，减少腥味，腌制时更加入味。

◦ 鸡琵琶腿装盘时可以根据个人口味再撒适量孜然粒。

烤制温度
180
摄氏度

烤制时间
12
分钟

难易度
★
1颗星

扫一扫 跟着做

杭椒牛柳

🥄 材料准备

● 牛里脊肉	250克
● 杭椒	80克
● 蒜	3瓣
● 干红辣椒	3个
● 橄榄油	2汤匙
● 料酒	1汤匙
● 生抽	1茶匙
● 淀粉	1茶匙
● 蚝油	1茶匙
● 盐	1/2茶匙

✂ 制作方法

牛里脊肉洗净切粗条,放入碗中,加入料酒、生抽、盐、淀粉,抓拌均匀,再加入1汤匙橄榄油,抓拌均匀,腌制20分钟。

杭椒洗净,用刀拍松,斜切成段;干红辣椒切小段;蒜切末备用。

将腌制好的牛肉条放入锡纸盘中。

空气炸锅180摄氏度预热5分钟,放入锡纸盘,烤制10分钟后取出,加入杭椒段、蒜末、干红辣椒段,淋入1汤匙橄榄油和蚝油翻拌均匀。

将锡纸盘放入空气炸锅继续烤制2分钟,出锅装盘即可。

小贴士

◎在烤制途中牛肉可适当翻面,避免焦糊。

鸡米花

烤制温度
180
摄氏度

烤制时间
12
分钟

难易度
★
1颗星

扫一扫 跟着做

面包糠是鸡米花的灵魂，请一定裹足量，搭配番茄酱或者辣酱，一口一个，根本停不下来。

🍳 材料准备

- 鸡胸肉　　300克
- 面包糠　　100克
- 淀粉　　　50克
- 鸡蛋　　　2个
- 料酒　　　1汤匙
- 生抽　　　1汤匙
- 白砂糖　　2茶匙
- 蚝油　　　1茶匙
- 盐　　　　1/2茶匙
- 五香粉　　1/2茶匙

🍴 制作方法

鸡胸肉洗净切厚片，用刀背拍松，再切成适口的小块；鸡蛋打散成蛋液。

鸡肉块放入碗中，加入料酒、生抽、盐、蚝油、白砂糖、五香粉，抓拌均匀，盖上盘子，腌制至少30分钟。鸡蛋打散。

腌制好的鸡肉块加入淀粉抓匀，依次裹上蛋液、面包糠。

鸡肉块依次排入油纸盘内，可按容量分为2盘或3盘。

空气炸锅180摄氏度预热5分钟，放入一盘鸡肉块，烤制6分钟后，取出翻面。

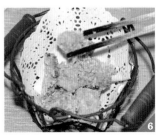

继续烤制6分钟，至鸡肉块两面金黄即可出锅装盘。重复步骤⑤和⑥，烤制下一盘，直至鸡肉块全部烤完。

小贴士

◎如条件允许，步骤③可重复2次，这样做出来的成品口感更酥脆。

◎鸡米花可按个人喜好搭配甜辣酱或番茄酱食用。

蜜汁翅中

扫一扫 跟着做

烤制温度 **180** 摄氏度

烤制时间 **18** 分钟

难易度 ★ 1颗星

材料准备

● 鸡翅中	400克
● 熟白芝麻	10克
● 淀粉	1茶匙
● 薄荷叶	5片
● 蒜	3瓣
● 番茄酱	20毫升
● 蜂蜜	20克
● 白砂糖	2茶匙
● 盐	1/2茶匙
● 姜粉	1/2茶匙

制作方法

1 鸡翅中洗净,正反面各划两刀,放入碗中;蒜瓣研磨成泥备用。

2 鸡翅中加入白砂糖、盐、蜂蜜、番茄酱、姜粉、淀粉,搅拌均匀,再加入蒜泥和薄荷叶,抓拌均匀后盖保鲜膜腌制30分钟。

3 取一个锡纸盘,喷一层油,码好鸡翅中。

4 空气炸锅180摄氏度预热5分钟,炸篮内放入锡纸盘烤制9分钟,取出翻面,继续烤制9分钟,至鸡翅中两面金黄。

5 出锅装盘,撒上熟白芝麻。

小贴士

○如果炸锅容量较小,可将鸡翅分成2盘烤制。

○炸的过程中要经常观察,注意翻面,不要将鸡翅中炸焦。

烤制温度
180
摄氏度

烤制时间
14
分钟

难易度
★
1颗星

烤羊肉串

扫一扫 跟着做

🥄 材料准备

● 新鲜羊腿肉	400克
● 橄榄油	1汤匙
● 生抽	1汤匙
● 辣椒粉	2茶匙
● 孜然粉	2茶匙
● 孜然粒	1/2茶匙
● 盐	1/2茶匙
● 黑胡椒粉	1/2茶匙

✂ 制作方法

新鲜羊腿肉洗净,切小块,放入碗中,加入盐、生抽、黑胡椒粉,抓拌均匀,加入橄榄油,再次抓拌均匀。

贴面盖上保鲜膜,腌制1小时。

腌好的羊肉5块或6块为一组,穿在竹签中部。

空气炸锅180摄氏度预热5分钟,放入油纸盘,平铺羊肉串,不要叠放。

烤制7分钟后取出羊肉串翻面,再烤制6分钟后取出,按个人喜好撒辣椒粉、孜然粉和孜然粒,继续烤制1分钟后即可出锅装盘。

小贴士

◇羊肉切成适口大小即可,不要太大。

◇如果羊肉串一锅放不下,可分2锅或3锅烤制。

茄汁酱肉丸

 烤制温度 180 摄氏度

 烤制时间 20 分钟

 难易度 ★★★ 3颗星

扫一扫 跟着做

材料准备

牛肉末	400克	黄油	20克	姜粉	1/2茶匙
面包糠	50克	料酒	1汤匙	五香粉	1/2茶匙
番茄	2个	白砂糖	1汤匙	葱粉	1/2茶匙
鸡蛋	1个	番茄酱	1汤匙	大蒜粉	1/2茶匙
芝士	1片	盐	1茶匙	欧芹碎	适量

制作方法

牛肉末放入碗中，加入料酒、1/2茶匙盐、姜粉、五香粉，搅拌均匀，腌制30分钟；番茄洗净，去皮切丁。

牛肉末中打入鸡蛋，抓拌均匀，少量多次加水，每加一点水翻拌均匀后再加下一次，抓起肉馅在盆中摔打，直至肉馅上劲。

牛肉末中加入面包糠，抓拌均匀。

炸篮内放入油纸盘，喷一层油，取牛肉末捏紧团成一个个肉丸，间隔放入油纸盘，再喷一层油，180摄氏度烤制15分钟，中途翻面。

取出烤好的肉丸，放入耐热烤盘中备用。

锅中加入黄油，小火熔化后加入番茄丁和1/2茶匙盐，小火炒到番茄化成汤汁，基本看不到大块的番茄为止。

加入白砂糖、番茄酱炒匀，加入大蒜粉、芝士片，芝士片熔化后加入葱粉、欧芹碎翻拌均匀，淋在肉丸上。

炸篮内放入烤盘，180摄氏度烤制5分钟，中途翻面，让每颗肉丸均匀裹上汤汁，烤好后趁热取出即可。

小贴士

◦ 牛肉末也可用猪肉末代替，或者一半牛肉末一半猪肉末混合。

◦ 一次可以多做些肉丸，烤好后冷冻保存，吃的时候只需调酱汁稍稍烤制即可。

金针菇培根卷

扫一扫 跟着做

烤制温度	烤制时间	难易度
180摄氏度	10分钟	★ 1颗星

🥢 材料准备

金针菇	300克
培根	8条
生抽	1汤匙
蚝油	1茶匙
白砂糖	1茶匙
盐	1/2茶匙
玉米淀粉	1/2茶匙
黑胡椒粉	1/2茶匙
欧芹碎	适量

🔪 制作方法

1. 金针菇去掉根部，洗净，挤干水分，撕散备用。

2. 取一个小碗，加入盐、白砂糖、蚝油、生抽、玉米淀粉，搅拌均匀成料汁。

3. 取一片培根，在一端放上金针菇，卷起，卷好后用牙签固定。

4. 炸篮内放入油纸盘，码好卷好的培根卷，均匀刷上一半料汁，撒上黑胡椒粉，180摄氏度烤制5分钟。

5. 培根卷取出翻面，刷上剩余料汁，撒上欧芹碎，继续烤制5分钟，至培根卷色泽金黄即可出锅，取下牙签后装盘。

小贴士

- 金针菇洗净后要尽量挤去水分，避免影响入味。
- 出锅前及时观察，如遇金针菇出水过多，要倒掉多余汤汁后继续烤制。

烤制温度	烤制时间	难易度
200 摄氏度	40 分钟	★★ 2颗星

新奥尔良烤全鸡

扫一扫 跟着做

🥄 材料准备

- 童子鸡 　　　　　1只
- 洋葱 　　　　　　1个
- 新奥尔良烧烤料 　50克
- 淀粉 　　　　　　2汤匙
- 盐 　　　　　　　1茶匙

✂ 制作方法

童子鸡洗净,去掉不可食用的部分,并剪去鸡头、鸡爪等部位;洋葱去皮,洗净切块。

取一个小碗,加入新奥尔良烧烤料、盐、淀粉、水,搅拌均匀成调料。

擦干鸡身上的水分,将调料涂抹在鸡身内外,用牙签在鸡身上扎一遍,盖保鲜膜密封后放入冰箱冷藏腌制过夜。

取出腌好的鸡,鸡肚内填入整个洋葱,并用针线将腔体开口缝合;鸡腿用湿棉线绑起固定。

炸篮内放入锡纸,鸡胸朝下放入鸡,喷一层油,200摄氏度烤制20分钟。

鸡取出翻面,用锡纸包裹翅尖和腿尖,继续烤制20分钟至完全烤熟,出锅去掉锡纸装盘。

牛油果烘蛋

扫一扫 跟着做

烤制温度	烤制时间	难易度
190 摄氏度	6 分钟	★ 1颗星

🍳 材料准备

牛油果	2个
鹌鹑蛋	4个
马苏里拉芝士	10克
白芝麻	10克
盐	1茶匙
黑胡椒粉	1/2茶匙

✄ 制作方法

1

将熟透的牛油果洗净，沿核切一圈，转动掰开，取出果核。

2

炸篮内放入耐高温的烤碗，依次放入去核的牛油果。

3

在每一瓣牛油果果芯部位打入一颗鹌鹑蛋。

4

在牛油果上均匀撒盐、黑胡椒粉、马苏里拉芝士，再撒上白芝麻。

5

牛油果放入空气炸锅，190摄氏度烤制6分钟，至芝士完全熔化，表面金黄，即可出锅装盘。

小贴士

◇ 牛油果入锅时一定要固定好，果芯处向上，才能保证蛋液不流出。

◇ 可根据牛油果的大小适当调整烤制时间，以芝士表面金黄，飘出香味为准。

烤制温度 **200** 摄氏度

烤制时间 **25** 分钟

难易度 ★ 1颗星

盐焗鹌鹑蛋

扫一扫 跟着做

材料准备

- 鹌鹑蛋　　　　30个
- 大粒盐　　　　500克

制作方法

将鹌鹑蛋放入盆中洗净。

炸篮内放入锡纸盘，鹌鹑蛋不控水，洗净直接均匀地铺在锡纸盘中。

用大粒盐将鹌鹑蛋均匀覆盖。

将鹌鹑蛋放入空气炸锅，200摄氏度烤制25分钟，不必取出，在锅中自然彻底凉凉。

取出炸篮，去掉鹌鹑蛋表面浮盐，装盘。

小贴士

- 最好选用常温鹌鹑蛋，保证其受热均匀，避免外部过热、内部不熟。冰箱内冷藏的鹌鹑蛋要回温后再使用。
- 鹌鹑蛋放入炸篮时要带点水，因为蛋壳表面湿润有利于裹盐。

照烧鸡排

烤制温度
180
摄氏度

烤制时间
12
分钟

难易度
★★
2颗星

扫一扫 跟着做

用刀背将鸡胸肉片拍松散的步骤一定不要省，这样炸出来的鸡肉松软不柴，让照烧汁更入味。

材料准备

					照烧汁原料	
鸡胸肉	200克	料酒	1汤匙		蜂蜜	2汤匙
青菜	200克	生抽	1茶匙		生抽	2汤匙
淀粉	3汤匙	盐	1/2茶匙		米酒	2汤匙
面包糠	30克	黑胡椒粉	1/2茶匙		淀粉	1茶匙
鸡蛋	1个					

制作方法

鸡胸肉对半片开，用刀背将肉片两面拍松。

将处理好的肉片放入碗中，加入盐、料酒、生抽、黑胡椒粉抓拌均匀，盖上保鲜膜腌制40分钟。

青菜洗净，对半切开，放入开水锅烫熟，捞出摆盘。

将照烧汁原料放入小锅，小火煮至浓稠后关火备用。

淀粉、面包糠分别放入盘中；鸡蛋打散。将腌好的鸡胸肉片两面依次裹上淀粉、蛋液、面包糠。

取一只油纸盘，喷一层油，放入鸡胸肉片，再喷一层油。

鸡胸肉片放入空气炸锅，180摄氏度烤制6分钟，取出翻面喷油，继续烤制6分钟，至两面金黄。

取出鸡胸肉片切成条状，放在青菜盘中，淋上照烧汁即可。

小贴士

◎ 鸡胸肉可用鸡腿肉代替。

◎ 这道菜可单独食用，也可作为配菜加米饭做成照烧鸡排盖浇饭。

鸡翅包饭

烤制温度
180
摄氏度

烤制时间
20
分钟

难易度
★★★
3颗星

扫一扫 跟着做

鸡翅表面被烤得金黄，
包着蔬菜和米饭，咬上
一口，超满足。

材料准备

鸡翅中	9个	大葱	20克
鲜香菇	2个	料酒	1汤匙
米饭	130克	咖喱酱	1汤匙
青豆	20克	盐	1茶匙
玉米粒	20克	黑胡椒粉	1/2茶匙
胡萝卜丁	20克		

制作方法

鸡翅中洗净去骨，放入碗中。

加入料酒、盐、黑胡椒粉，搅拌均匀，腌制30分钟；鲜香菇、大葱洗净，切末备用。

油锅烧热，加入大葱末、香菇碎炒香，加入咖喱酱混合均匀，加入胡萝卜丁炒软。

锅中加入青豆、玉米粒、米饭，翻炒的同时加入盐，炒匀后关火备用。

取适量炒饭，从鸡翅中较大的一头填入，尽量填充至鸡翅中鼓起，在开口处按压结实。

炸篮内放入油纸盘，将鸡翅中外皮朝下放入油纸盘，喷一层油。

鸡翅中放入空气炸锅，180摄氏度烤制10分钟，取出翻面。

继续烤制10分钟，至鸡翅中表面金黄，即可出锅装盘。

小贴士

◎鸡翅中去骨的方法：将鸡翅中两端两根骨头的连接处剪断，并使剪刀深入两根骨头处，将贴在骨头周围的筋膜全部剪断，从一头用力顶出骨头，先取细的，再取粗的，取出骨头后将鸡翅中按原样翻回去即可。

蜜汁叉烧肉

烤制温度
180、160
摄氏度

烤制时间
28
分钟

难易度
★★★
3颗星

扫一扫 跟着做

叉烧肉被炸得外焦里嫩、软嫩
多汁,制作时只要腌制时间足
够,不用蘸酱也很美味。

材料准备

猪前肘肉	500克	蒜	4瓣	
叉烧酱	3汤匙	花雕酒	1汤匙	
大葱	1段	生抽	1汤匙	
姜	15克	蜂蜜	1茶匙	

制作方法

1. 猪前肘肉洗净,沥干水分,切成约二指宽的厚片。

2. 肉片放入保鲜盒中,加入蜂蜜、花雕酒、生抽、2汤匙叉烧酱搅拌均匀后盖上盖子腌制过夜。

3. 大葱段洗净,切粗丝;姜洗净,切片;蒜切片;炸篮内放入油纸盘,喷一层油,底层铺一半大葱丝、姜片、蒜片。

4. 取出腌好的肉平铺在油纸盘内,上层再放上剩余的大葱丝、姜片和蒜片,倒入一半腌肉的料汁。

5. 猪肉放入空气炸锅,180摄氏度烤制10分钟,取出翻面,将剩余料汁淋在肉上,继续烤制8分钟。

6. 取出烤好的肉,厚刷一层叉烧酱,平铺在空气炸锅内,160摄氏度烤制5分钟。

7. 取出翻面,再厚刷一层叉烧酱,继续烤制5分钟。

8. 出锅后切小块装盘即可。

小贴士

- 做叉烧最好选择猪前肘肉或颈背肉。
- 腌肉的时间一定要充足,烤肉时不宜减少任一刷酱步骤。

椒香烤牛排

扫一扫 跟着做

烤制温度	烤制时间	烤易度
180 摄氏度	12 分钟	★ 1颗星

材料准备

- 牛里脊肉   350克
- 黑椒烧烤酱   35克

制作方法

1. 牛里脊肉洗净放入碗中，加水浸泡4小时，中途注意换水。

2. 浸泡好的牛里脊肉取出切块，去掉筋膜，换水再次浸泡1小时，捞出沥干水分。

3. 用刀背将牛肉块两面拍松，放入保鲜盒，加入黑椒烧烤酱翻拌均匀，放入冰箱冷藏腌制过夜。

4. 炸篮内放入油纸盘，喷一层油，平铺腌好的牛肉块，再喷一层油。

5. 牛肉放入空气炸锅，180摄氏度烤制6分钟，取出翻面，继续烤制6分钟，即可出锅装盘。

小贴士

◎本食谱宜选购较嫩部位的牛肉，如牛里脊肉，不适合用牛腱肉。

◎如果没有黑椒烧烤酱，可用市售黑椒味腌肉料来代替。

烤制温度
200、180
摄氏度

烤制时间
8
分钟

难易度
★
1颗星

多汁羊肉片

扫一扫 跟着做

材料准备

冷冻羔羊肉片	250克
大葱葱白	1根
料酒	1汤匙
花雕酒	1茶匙
生抽	1茶匙
白砂糖	1茶匙
盐	1/2茶匙
自制椒盐	1/2茶匙
姜粉	1/2茶匙
孜然粉	1/2茶匙

制作方法

葱白洗净切片；碗中加入生抽、姜粉、盐、白砂糖、自制椒盐、花雕酒，充分搅拌均匀成料汁。

取一个锡纸盘，放入羊肉片，淋上料酒，放入空气炸锅,200摄氏度烤制3分钟。

取出炸篮，翻拌羊肉片，已全部变色即可取出，如果还有未变色的，再烤制2分钟。

取出羊肉，倒掉多余的汤汁，炸篮内放入油纸盘，喷一层油，平铺一层大葱片，放入羊肉片，均匀淋上料汁。

羊肉放入空气炸锅,180摄氏度烤制3分钟，取出炸篮，翻拌羊肉，撒上一层孜然粉，继续烤制2分钟即可出锅装盘。

小贴士

◎选择涮火锅的羔羊肉片（卷）即可，如果要用新鲜羊肉，要注意将羊肉切成适当厚度的片，不宜过薄，否则容易烤焦。

猪肉脯

烤制温度
180
摄氏度

烤制时间
19
分钟

烤易度
★★★
3颗星

这款点缀了白芝麻的自制
猪肉脯，咬一口满嘴香，
作为零食给孩子和老人
吃，健康又营养。

材料准备

- 猪肉末　　150克
- 白芝麻　　1茶匙
- 料酒　　　1汤匙
- 生抽　　　1茶匙
- 黑胡椒粉　1茶匙
- 蜂蜜　　　1茶匙
- 老抽　　　1/2茶匙
- 蚝油　　　1/2茶匙

制作方法

1　猪肉末放入碗中，加入料酒、生抽、老抽、蚝油、黑胡椒粉，抓拌均匀。

2　抓起肉馅在碗中反复摔打，直至肉馅上劲，用保鲜膜贴面覆盖，腌制30分钟。

3　蜂蜜加150毫升水调成蜂蜜水备用。

4　取一张油纸，放上肉末，再盖上一张油纸，用擀面杖擀成与炸篮底部面积相近的薄片。

5　揭掉上层油纸，用下层油纸托着肉片放入炸篮。

6　180摄氏度烤制10分钟，取出肉片，刷一层蜂蜜水，继续烤制3分钟。

7　取出炸篮，给肉片翻面，刷一层蜂蜜水，烤制3分钟，取出再刷一层蜂蜜水，撒上白芝麻，继续烤制3分钟。

8　烤至肉片两面呈红褐色即可出锅切片装盘，放凉后食用。

小贴士

- 刷蜂蜜可以使猪肉脯色泽光亮口感好，但要注意适量使用。
- 猪肉脯出炉后要放置一段时间，冷却后口感会更加酥脆。

小酥肉

扫一扫 跟着做

烤制温度	烤制时间	难易度
180 摄氏度	15 分钟	★ 1颗星

材料准备

猪里脊肉	250克
鸡蛋	1个
面粉	50克
玉米淀粉	30克
料酒	1汤匙
生抽	1茶匙
盐	1/2茶匙
黑胡椒粉	1/2茶匙
五香粉	1/2茶匙
小苏打粉	1/2茶匙

制作方法

猪里脊肉洗净，去掉筋膜，切成约1厘米厚的块。

将切好的肉块放入碗中，加入料酒、盐、生抽、黑胡椒粉、五香粉，翻拌均匀，腌制30分钟。

打入鸡蛋，翻拌均匀，加入面粉、玉米淀粉、小苏打粉，翻拌，让肉块均匀地挂上一层薄糊。

炸篮内放入油纸盘，喷一层油，将挂好糊的肉块平铺进盘内，再喷一层油，180摄氏度烤制8分钟。

取出炸篮，给肉块翻面，再喷一层油，继续烤制7分钟，烤至肉块表面金黄即可出锅装盘。如果肉块没有全部变色，可继续烤制1~2分钟。

小贴士

- 用猪里脊肉或鸡胸肉做的小酥肉都很美味。
- 可以单独调制蛋糊，再逐一将肉块挂好蛋糊。如果感觉蛋糊过于浓稠，可适量加水。

烤制温度
180
摄氏度

烤制时间
20
分钟

难易度
★
1颗星

椒盐排骨

扫一扫 跟着做

🥄 材料准备

猪肋排块	350克
淀粉	15克
熟白芝麻	1茶匙
花雕酒	1汤匙
生抽	1茶匙
蚝油	1茶匙
白砂糖	1茶匙
黑胡椒粉	1/2茶匙
自制椒盐	1/2茶匙
姜粉	1/2茶匙
盐	1/2茶匙
孜然粉	1/2茶匙

🍴 制作方法

猪肋排块放入盆中，加水和面粉揉搓，然后用水冲洗至水变清澈，沥干水分。

肋排块放入碗中，加入花雕酒、姜粉、盐、生抽、白砂糖、蚝油、黑胡椒粉、孜然粉，抓拌均匀，腌制1~2小时。

腌制好的肋排块中加入淀粉，抓拌均匀，让每一块肋排都挂上一层薄糊。

炸篮中放入油纸盘，喷一层油，平铺放入肋排块，180摄氏度烤制10分钟。

取出炸篮，为肋排块翻面，继续烤制10分钟，至肋排块两面金黄即可出锅装盘，装盘后撒上自制椒盐和熟白芝麻。

小贴士

◎本食谱要选用新鲜猪肋排。用少量水加面粉搓洗肋排块有去除血污和去腥的作用，这一步不能省略。

椒盐炸猪排

烤制温度
180
摄氏度

烤制时间
20
分钟

难易度
★ ★ ★
3颗星

扫一扫 跟着做

酥脆的表皮包裹鲜香的肉片，外酥里嫩，色泽金黄。根据个人喜好搭配蘸酱，怎么吃都美味。

🍳 材料准备

● 猪里脊肉	300克	● 盐	1/2茶匙
● 鸡蛋	1个	● 黑胡椒粉	1/2茶匙
● 玉米淀粉	20克	● 姜粉	1/2茶匙
● 面包糠	40克		

🍴 制作方法

猪里脊肉洗净，去掉筋膜，用厨房纸擦干水，沿着肉的纹理，将肉切成约1.5厘米厚的片。

用刀背在肉片两面分别拍3分钟，将肉片拍松。

拍好的肉放入盘中，两面撒上盐、姜粉、黑胡椒粉，用手抹匀，盖保鲜膜密封放冰箱冷藏腌制3小时（或过夜）。

鸡蛋打散；面包糠平铺在盘内备用。

取出腌好的肉片，两面依次撒上玉米淀粉，再裹上一层蛋液、面包糠。

炸篮内放入油纸盘，喷一层油，平铺处理好的肉片，再喷一层油。

肉片放入空气炸锅，180摄氏度烤制10分钟，取出炸篮，给肉片翻面，继续烤制10分钟，至肉片两面金黄即可出锅。

用刀将猪排切成适口的大块装盘。可按个人喜好搭配番茄酱、辣椒酱、甜辣酱等食用。

小贴士

◎ 拍松肉片和喷油这两个步骤不能省略，否则会影响成品口感。

◎ 如果时间充裕，可将面包糠用平底锅炒至焦黄色再使用，这样成品会更加有光泽。

茶碗蛋羹

扫一扫 跟着做

烤制温度
160、130
摄氏度

烤制时间
40
分钟

难易度
★
1颗星

🍴 材料准备

● 鸡蛋	3个
● 虾仁	3个
● 胡萝卜	1段
● 盐	1/2茶匙
● 白胡椒粉	1/2茶匙

🍴 制作方法

胡萝卜洗净，切薄片，用模具（或刀）切出花朵形状；杯中打入鸡蛋，加盐、白胡椒粉，边搅打边少量多次加水。

准备好三个烤碗或无手柄的茶杯，将搅打均匀的蛋液过筛入碗中，八分满即可。

炸篮内倒入水，不要没过烤网，将烤碗放入，表面盖好锡纸，用碗或其他重物将锡纸压实。

160摄氏度烤制25分钟，取出炸篮，拿掉锡纸，如蛋液已凝固，将虾仁和胡萝卜花轻放在蛋羹表面（如蛋液没有凝固，要继续烤制5分钟）。

盖回锡纸，130摄氏度烤制10分钟，取出炸篮，继续烤制5分钟让蛋羹表面上色即可出锅装盘。

小贴士

◦ 要根据碗或杯子的厚度适当调整烤制时间，质地厚的要延长时间，质地薄的要减少时间。

◦ 中途要注意观察蛋羹凝固的情况，避免爆裂或塌陷。

烤制温度
180
摄氏度

烤制时间
13
分钟

难易度
★
1颗星

煎蛋饼

扫一扫 跟着做

🥄 材料准备

- 鸡蛋 2个
- 胡萝卜 50克
- 火腿 40克
- 面粉 50克
- 盐 1/2茶匙
- 白胡椒粉 1/2茶匙

🍴 制作方法

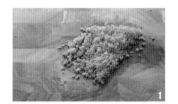

1

胡萝卜洗净，切碎；火腿切碎。

2

杯中打入鸡蛋，加入所有材料和20毫升水，搅打均匀，让面糊呈可滴落状态即可。

3

炸篮内放入油纸盘，喷一层油，倒入面糊，晃一下炸篮，使面糊均匀平铺，再喷一层油。

4

面糊放入空气炸锅，180摄氏度烤制7分钟后取出炸篮，检查面糊底部凝固情况，利用另一张油纸盘将饼翻面（或直接用铲子辅助小心地翻面）。

5

继续烤制6分钟至面饼表面金黄即可出锅，切成小块装盘。

小贴士

- 胡萝卜一定要切得细碎，防止烤不熟、口感硬。
- 可以使用带导流口的容器来制作面糊，这样往空气炸锅里倒时比较方便。

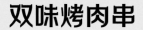

双味烤肉串

烤制温度
180
摄氏度

烤制时间
26
分钟

难易度
★★
2颗星

扫一扫 跟着做

为鸡肉配上两种调料，辣味爽口，五香回味持久，打开一罐冰啤酒，所有烦恼都会被这道美食治愈！

🥄 材料准备

• 鸡胸肉	250克
• 猪里脊肉	250克

辣味烤串调料

• 自制香辣烧烤料	3茶匙
• 生抽	1汤匙
• 孜然粉	1/2茶匙
• 姜粉	1/2茶匙
• 大蒜粉	1/2茶匙
• 黑胡椒粉	1/2茶匙
• 盐	1/2茶匙
• 料酒	1茶匙

五香味烤串调料

• 自制椒盐	1/2茶匙
• 五香粉	1/2茶匙
• 盐	1/2茶匙
• 黑胡椒粉	1/2茶匙
• 料酒	1茶匙

🔪 制作方法

鸡胸肉、猪里脊肉分别洗净，擦干水，切成薄片。

用刀背将两种肉片正反面拍松，分别放入两个容器中。

猪肉片中加入辣味烤串调料，抓拌均匀，腌制1小时。

鸡肉片中加入五香味烤串调料，抓拌均匀，腌制1小时。

取两种肉，各以2块或3块为一组穿在竹签上。

炸篮中放入油纸盘，喷一层油，放入鸡肉串，再喷一层油。

鸡肉串放入空气炸锅，180摄氏度烤制6分钟，取出翻面，继续烤制6分钟至肉串两面金黄即可出锅装盘。

再取一张油纸盘，喷一层油，放入猪肉串，再喷一层油。猪肉串放入空气炸锅，180摄氏度烤制7分钟，取出翻面，继续烤制7分钟后出锅装盘。

小贴士

◎ 两种肉串烤制时间不同，具体操作时需要注意。

◎ 如果没有长竹签，也可以用牙签代替。

◎ 两款肉串口味较咸较辣，如果喜欢清淡的味道，可以自行减少调料用量。

原味烤肠

扫一扫 跟着做

烤制温度	烤制时间	难易度
190摄氏度	10分钟	★ 1颗星

材料准备

- 冷冻烤肠　　　　6根
- 蒜　　　　　　　4瓣

制作方法

冷冻烤肠无须解冻，在肠的两面斜切花刀。

将烤肠码入炸篮，放入空气炸锅，190度烤制10分钟，中途取出翻面，加入蒜瓣同烤。

烤至最后2分钟时取出炸篮观察，给肉肠翻面，肉肠轻微上色即可出锅装盘。

小贴士

- 如果使用非冻冷烤肠，要减少一半烤制时间。
- 如果喜欢吃其他口味，可以在烤制中途撒自己喜欢的调料。

烤制温度 130、180 摄氏度

烤制时间 17 分钟

难易度 ★★ 2颗星

扫一扫 跟着做

洋葱肥牛

🥄 材料准备

◈ 肥牛卷	200克
◈ 洋葱	1/2个
◈ 黄油	10克
◈ 生抽	2汤匙
◈ 料酒	1汤匙
◈ 蚝油	1汤匙
◈ 白砂糖	1茶匙
◈ 淀粉	1茶匙
◈ 姜粉	1/2茶匙
◈ 黑胡椒粉	1/2茶匙

🍴 制作方法

取一个锡纸盘，放入肥牛卷，加入姜粉、料酒，放入空气炸锅，130摄氏度烤制5分钟。

中途取出翻面，继续烤，烤后取出肥牛卷，去除带血沫的汤汁。

洋葱洗净，切小块；取一个小碗，加入生抽、蚝油、白砂糖、淀粉、黑胡椒粉和30毫升水，搅拌均匀成料汁。

炸篮中放入油纸盘，加入黄油、洋葱块，放入空气炸锅，180摄氏度烤制6分钟，中途取出翻拌均匀。

取出炸篮，加入肥牛卷，淋入料汁，继续烤制6分钟，中途取出翻拌。烤制结束出锅装盘。

小贴士

◦ 肥牛卷选涮火锅用的牛上脑片（卷）即可。

◦ 第一次烤制是为了给牛肉解冻和去腥，即使是使用散装牛肉片也不能略去这一步。

◦ 汤汁不要丢弃，用来拌饭更好。

柠香鸡胸肉

扫一扫 跟着做

烤制温度 180 摄氏度	烤制时间 20 分钟	难易度 ★★ 2颗星

材料准备

- 鸡胸肉　　　　　400克
- 柠檬　　　　　　1个
- 料酒　　　　　　1茶匙
- 盐　　　　　　　1/2茶匙
- 黑胡椒粉　　　　1/2茶匙

制作方法

鸡胸肉洗净，去掉筋膜，顺纹理切成1厘米厚的片；鸡肉片切面朝上，用刀背拍松两面。

将柠檬一半切大片，一半备用。

将肉片放入盘中，加入料酒、盐、黑胡椒粉，挤入柠檬汁，翻拌均匀，腌制1小时。

炸篮内放入油纸盘，放几片柠檬片，将肉片铺在柠檬片上，喷一层油，再放几片柠檬片。

肉片放入空气炸锅，180摄氏度烤制10分钟，取出炸篮给肉片翻面，继续烤制10分钟，至鸡肉边缘焦黄即可出锅装盘。

小贴士

◦鸡胸肉较嫩，不必过久烤制，如果切片较薄，可每面减少1~2分钟的烤制时间，至边缘上色即可。

烤制温度
180
摄氏度

烤制时间
23
分钟

烹易度
★★
2颗星

蔬菜烤里脊

扫一扫 跟着做

🥘 材料准备

● 猪里脊肉	250克
● 洋葱	1/4个
● 小番茄	6个
● 抱子甘蓝	6个
● 鲜香菇	4个
● 青椒	1/2个
● 胡萝卜	1/2根
● 料酒	1汤匙
● 自制烧烤酱	1汤匙
● 盐	1/2茶匙
● 姜粉	1/2茶匙
● 白胡椒粉	1/2茶匙
● 黑胡椒粉	1/2茶匙

🍴 制作方法

所有蔬菜洗净，切成适口的小块；猪里脊肉洗净，顺着纹理斜切成薄片。

切好的猪肉片放入碗中，加入料酒、姜粉、盐、白胡椒粉、自制烧烤酱，翻拌均匀，腌制30分钟。

炸篮内放入油纸盘，喷一层油，排入腌好的猪肉片，再喷一层油，放入空气炸锅，180摄氏度烤制10分钟。

取出炸篮，给肉片翻面，将切好的蔬菜平铺在肉片上，均匀地撒上黑胡椒粉、盐，再喷一层油。

180摄氏度烤制10分钟，取出炸篮，将蔬菜和肉片翻拌均匀，继续烤制3分钟即可出锅装盘。

小贴士

○ 猪里脊肉上如果有筋膜，要在切片前剔除。

○ 蔬菜可以适当调换，只需选择不含太多水分的即可。

嫩烤牛肉杏鲍菇

扫一扫 跟着做

烤制温度
180
摄氏度

烤制时间
12
分钟

难易度
★
1颗星

处理食材，拌一拌，上锅烤，最后撒上增香白芝麻，简单四步，下班后的快手营养美味轻松完成。

🥄 材料准备

- 牛肉　　　　　250克
- 杏鲍菇　　　　250克
- 熟白芝麻　　　　5克
- 自制烧烤酱　　1汤匙
- 盐　　　　　1/2茶匙
- 黑胡椒粉　　1/2茶匙

🍴 制作方法

牛肉洗净，顺纹理斜切成片，用刀背依次敲松两面，再切小块。

切好的牛肉块放入碗中，用冷水浸泡3小时，中途换2次或3次水。

杏鲍菇洗净，去除根部较老的部位，切成5毫米左右的厚片。

捞出牛肉块，挤净水分，加入自制烧烤酱，翻拌均匀，腌制1小时。

腌好的牛肉块中加入杏鲍菇片，加入盐、黑胡椒粉，翻拌均匀。

炸篮内放入油纸盘，喷一层油，均匀码好牛肉块和杏鲍菇片，再喷一层油。

牛肉块和杏鲍菇片放入空气炸锅，180摄氏度烤制6分钟，取出炸篮，翻拌均匀，继续烤制6分钟即可出锅装盘，撒熟白芝麻。

小贴士

◇如果想要更软的口感，可以在烤制前将杏鲍菇焯一次水。

低卡煎蛋

扫一扫 跟着做

烤制温度 **180** 摄氏度　烤制时间 **8** 分钟　难易度 **★** 1 颗星

材料准备

● 鸡蛋	3个
● 生抽	1茶匙
● 盐	1/4茶匙
● 白胡椒粉	1/4茶匙
● 葱花	适量

制作方法

1

2

取三个圆形的汉堡纸模，喷一层油。

每一个纸模里打入一颗鸡蛋，撒一点盐和白胡椒粉。

3

4

纸模放入炸篮，放入空气炸锅，180摄氏度烤制8分钟。

取出装盘后按个人喜好添加生抽和葱花调味。

小贴士

◎如果没有汉堡纸模，可改用薄一点的瓷碗。

◎不要省略给模具喷油这一步，喷油可以使成品不粘模具，更容易取出。

烤制温度	烤制时间	难易度
180 摄氏度	26 分钟	★ 1颗星

扫一扫 跟着做

咖喱肉片

材料准备

去皮五花肉	300克
咖喱酱	30克
椰奶	75毫升
洋葱	1/4个
蒜	2瓣
黄油	7克
辣椒粉	1茶匙
白砂糖	1茶匙
盐	1/2茶匙
姜黄粉	1/2茶匙

制作方法

去皮五花肉洗净，擦干水，切成0.5厘米厚的片，放入碗中。

肉片中加入辣椒粉、咖喱酱、姜黄粉、盐、白砂糖和30毫升水，抓拌均匀，让每一片肉都裹上酱料，腌制1小时。

洋葱洗净，切粒；蒜切末；炸篮中放入锡纸盘，放入黄油和洋葱粒，放入空气炸锅，180摄氏度烤制5分钟。

取出炸篮，将洋葱粒和黄油翻拌均匀，平铺上肉片，180摄氏度烤制10分钟，取出炸篮，将肉片翻面，继续烤制8分钟。

取出炸篮，将肉片和洋葱粒翻拌均匀，绕圈淋入椰奶，撒入蒜末，继续烤制3分钟至蒜末微黄，即可出锅装盘。

小贴士

○ 姜黄粉与姜成分、用途不同，不要混用。姜黄主要用于给食物上色，姜用于去腥、调味。

○ 椰奶是这道菜的关键用料，最好不要省略，如果没有，可用淡奶油代替，但口感会不同。

嫩烤羊排

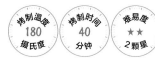
扫一扫 跟着做

烤制温度 180 摄氏度
烤制时间 40 分钟
难易度 ★★ 2颗星

材料准备

羊排	700克
香菜梗	20克
大葱	1/2根
姜	3片
生抽	1汤匙
料酒	1汤匙
自制香辣烧烤料	1茶匙
盐	1/2茶匙
自制椒盐	1/2茶匙
白胡椒粉	1/2茶匙
孜然粉	1/2茶匙

制作方法

1. 大葱洗净，切丝；姜洗净，切片；羊排洗净，放入碗中，用刀尖在羊排两面戳几下，以利于入味。

2. 羊排中加入自制椒盐、生抽、料酒、葱丝、香菜梗、姜片、盐，抓揉均匀，盖上保鲜膜密封，放入冰箱冷藏腌制过夜。

3. 腌制好的羊排取出单独盛放，汤汁、葱丝、姜片、香菜梗留用；羊排里加自制香辣烧烤料、孜然粉、白胡椒粉，抓拌均匀，腌制30分钟。

4. 炸篮内铺上锡纸，将留用的葱丝、姜片、香菜梗铺在底部，再放入腌好的羊排，淋上汤汁，用锡纸将羊排包紧。

5. 羊排放入空气炸锅，180摄氏度烤30分钟，打开锡纸，给羊排翻面，继续烤制10分钟，至羊排表面金黄即可出锅装盘。

小贴士

◇香菜梗可去腥去膻，不宜丢弃。

◇烤制羊排时，要注意用锡纸将羊排完全包裹，避免热气将锡纸吹起。

64

盐酥鸡

扫一扫 跟着做

🧂 材料准备

🔹 鸡全腿	1个
🔹 面粉	80克
🔹 玉米淀粉	20克
🔹 生抽	1汤匙
🔹 盐	1茶匙
🔹 五香粉	1/2茶匙
🔹 白胡椒粉	1/2茶匙
🔹 小苏打粉	1/2茶匙
🔹 泡打粉	1/2茶匙

🍴 制作方法

鸡腿洗净后拆骨去皮,再次洗净,切成适口的小块,放入碗中,加入生抽、盐、白胡椒粉,翻拌均匀,腌制30分钟。

碗中加入60克面粉、盐、五香粉、泡打粉、小苏打粉,加80毫升水搅拌至能缓慢滴落的面糊状态。

将调制好的面糊倒入鸡块中,轻轻翻拌,让所有肉块都挂上面糊;剩余的面粉和玉米淀粉混合成裹粉。

炸篮内放入油纸盘,喷一层油,将挂好面糊的鸡肉块在裹粉里滚一圈,抖掉多余的粉,平铺放入锡纸盘,再喷一层油。

鸡肉块放入空气炸锅,180摄氏度烤制10分钟,取出炸篮,为鸡肉块翻面,继续烤制12分钟,烤至鸡肉块两面金黄出锅装盘。

小贴士

◦每一种面粉的吸水量略有不同,在调制面糊时,要慢慢加水,不能太稀,也不能太稠,以面糊被挑起时能缓慢滴落为最佳。

营养清新的
蔬果素食

烤韭菜

扫一扫 跟着做

烤制温度 180 摄氏度	烤制时间 6 分钟	难易度 ★ 1颗星

材料准备

● 韭菜		250克
● 白芝麻		1茶匙
● 五香粉		1/3茶匙
● 孜然粉		1/3茶匙
● 自制椒盐		1/3茶匙
● 海盐		1/3茶匙

🍴 制作方法

1. 韭菜择洗干净,放入开水中烫5秒钟至略变软后立即捞出。

2. 将3根或4根韭菜一起从根部卷起成一个大卷,用竹签从韭菜卷中间穿过,一根竹签可以穿3个韭菜卷。

3. 炸篮内放入油纸盘,喷一层油,将韭菜串平铺码好。

4. 在韭菜串上均匀地撒五香粉、孜然粉、自制椒盐、白芝麻、海盐,再喷一层油。

5. 韭菜卷放入空气炸锅,180摄氏度烤制6分钟即可出锅装盘。

小贴士

○烫韭菜时间不能过久,稍微变色即可捞出,这样更便于卷韭菜。如果不想做成卷状,可省略烫这一步,直接将韭菜平铺放入炸篮即可。

烤制温度	烤制时间	难易度
180 摄氏度	35 分钟	★ 1颗星

扫一扫 跟着做

风琴土豆

材料准备

中等大小的土豆	2颗
培根	10片
橄榄油	2汤匙
白芝麻	1茶匙
生抽	1汤匙
白砂糖	1茶匙
蚝油	1茶匙
白胡椒粉	1/2茶匙
五香粉	1/2茶匙
孜然粉	1/2茶匙

制作方法

1. 土豆去皮洗净,在案板上放两根筷子,把土豆放在筷子中间,切薄片,刀切到筷子就停止,防止把土豆切断。

2. 培根平均切段;取一个小碗,加入所有调料,搅拌均匀成料汁。

3. 炸篮内放入油纸盘,放入土豆,把一半料汁均匀地刷在土豆上,180摄氏度烤制25分钟。

4. 取出炸篮,用筷子将培根一片一片夹入土豆中,再把剩余的料汁均匀地刷在土豆上,盖上锡纸,用重物压住。

5. 继续烤制10分钟,去掉重物和锡纸即可出锅装盘。

小贴士

○ 第一遍烤土豆时,要根据土豆的大小调整烤制时间,中途要及时观察,如土豆上色过重,则要加盖锡纸。

炸春卷

烤制温度
180-200
摄氏度

烤制时间
30
分钟

难易度
★★★
3颗星

扫一扫 跟着做

跟用油锅炸的春卷相比，空气炸锅炸出来的更香脆，几乎没有油，减脂期也能放心吃。

🍳 材料准备

- 包菜　　　250克
- 绿豆芽　　100克
- 豆腐皮　　100克
- 春卷皮　　　1包
- 胡萝卜　　　1根
- 粉丝　　　　30克

- 虾皮　　　　5克
- 干香菇　　　4朵
- 干木耳　　　5克
- 盐　　　　1茶匙
- 白胡椒粉　1/2茶匙

✂ 制作方法

所有蔬菜洗净；干木耳和干香菇泡发备用。

胡萝卜、豆腐皮、香菇、木耳切丝；依次将绿豆芽、豆腐丝、胡萝卜丝放入开水中烫软，过冷水后沥干水分。

粉丝烫软后切小段，放在盆中备用；包菜切丝。

油锅烧热，加入香菇丝炒香，加入木耳丝、胡萝卜丝，翻炒几下后加入豆腐丝和绿豆芽，翻炒均匀后倒入装粉丝的盆中。

另起一锅中热油，放入虾皮炒香，加入包菜丝，炒软后倒入盆中，加入盐、白胡椒粉翻拌均匀，放凉后作为馅料。

取一张春卷皮，放入适量馅料，折叠，最后收口处抹一点水，卷起，底边朝下排放。

炸篮内放入油纸盘，刷一层油，放入春卷，周身刷一层油，180摄氏度烤制10分钟，取出翻面后继续烤制10分钟。

空气炸锅温度提高到200摄氏度，将春卷每面烤制5分钟，至表皮金黄即可出锅装盘。

小贴士

- 最后炸制时，要勤翻动，及时观察上色情况，烤制出满意的颜色立即取出，防止烤煳。
- 包好的春卷可冷冻保存，使用时无须化冻，直接烤制。

干煸豆角

扫一扫 跟着做

烤制温度
180
摄氏度

烤制时间
8
分钟

难易度
★
1颗星

材料准备

- 豆角   250克
- 小米椒   1个
- 熟白芝麻   5克
- 盐   1/2茶匙
- 自制香辣烧烤料 1/2茶匙
- 白砂糖   1/2茶匙
- 花椒粉   1/2茶匙

制作方法

豆角择洗干净，切段；小米椒洗净，切段。

空气炸锅内加500毫升开水，放入豆角，180摄氏度烤5分钟，取出沥干水分备用。

炸篮内放入油纸盘，喷一层油，加入豆角。

加入自制香辣烧烤料、盐、白砂糖、花椒粉，翻拌均匀后再喷一层油，180摄氏度烤制5分钟。

取出豆角，翻拌均匀，撒上熟白芝麻和小米椒段，再烤制3分钟即可出锅装盘。

小贴士

◎蔬菜本身不含油，为了提升口感，烤制前可以加一小勺油。

◎豆角一定要焯透，熟透后才可以食用，以免引起肠胃不适甚至食物中毒。

烤制温度
200
摄氏度

烤制时间
15
分钟

难易度
★
1颗星

缤纷烤蔬菜

扫一扫 跟着做

🍳 材料准备

鸡胸肉	120克
西蓝花	100克
胡萝卜	100克
彩椒	50克
玉米	1/2根
秋葵	4个
洋葱	1/4个
蒜	4瓣
橄榄油	1汤匙
料酒	1汤匙
蚝油	1茶匙
盐	1/2茶匙
黑胡椒粉	1/2茶匙

🍴 制作方法

鸡胸肉洗净，切小块，加入料酒、盐、黑胡椒粉翻拌均匀，腌制20分钟；所有蔬菜洗净。

玉米切小块；胡萝卜切滚刀块；秋葵切段；彩椒和西蓝花撕成小块；洋葱切小块；蒜切末。

玉米、胡萝卜、秋葵和西蓝花分别焯烫；焯好的蔬菜加盐、黑胡椒粉、橄榄油翻拌均匀，腌制15分钟。

空气炸锅180摄氏度预热5分钟；取一个油纸盘，放入鸡肉、胡萝卜和玉米，200摄氏度烤制12分钟。

取出炸篮，加入其他蔬菜，撒蒜末，淋入蚝油翻拌均匀，喷一层油，再烤制3分钟即可出锅装盘。

小贴士

◦烤制前，在蔬菜上涂一层油，可以使蔬菜表面形成更多脆皮，并防止食物烤干。

双味玉米

扫一扫 跟着做

烤制温度 180 摄氏度	烤制时间 20 分钟	难易度 ★ 1颗星

材料准备

鲜玉米	2根

甜味料汁

蜂蜜	1汤匙
橄榄油	2茶匙

香辣味料汁

橄榄油	2茶匙
白砂糖	1茶匙
蚝油	1茶匙
烧烤粉	1茶匙
孜然粉	1/3茶匙
花椒粉	1/3茶匙
盐	1/3茶匙

制作方法

1 将甜味料汁原料和少量水混合翻拌均匀备用。

2 另取一个碗，将香辣味料汁原料混合翻拌均匀备用。

3 玉米洗净；一根玉米放在锡纸上，将一部分甜味料汁均匀地刷在玉米上，用锡纸包起来；另一根玉米用同样的方法刷上香辣味料汁，也用锡纸包起来。

4 空气炸锅200摄氏度预热5分钟，将包好的玉米放入炸篮，烤制10分钟。

5 取出打开锡纸，将剩余料汁刷到玉米上，再包起来，换个面，继续烤制10分钟。取出打开锡纸，稍放凉即可。

小贴士

如果玉米太大，可以切成小段，烤制时将受热面朝上，烤制效果更好。

烤制温度
180
摄氏度

烤制时间
24
分钟

烹易度
★
1颗星

烧豆腐

扫一扫 跟着做

🍳 材料准备

◉ 老豆腐	450克
◉ 蒜	5瓣
◉ 小葱	1根
◉ 生抽	1茶匙
◉ 蚝油	1茶匙
◉ 辣椒粉	1茶匙
◉ 盐	1/3茶匙
◉ 五香粉	1/3茶匙

✂ 制作方法

老豆腐洗净切片；蒜切末；小葱洗净切末；取防烫碗，放蒜末、辣椒粉、葱末，将油烧至冒烟后浇入，激出香味。

碗中调料翻拌均匀后再加入盐、蚝油、生抽、五香粉，翻拌均匀成料汁。

用厨房纸吸去老豆腐上多余的水分，将老豆腐放入油纸盘内，表面抹上一半料汁。

将装着老豆腐片的油纸盘放入空气炸锅，180摄氏度烤制12分钟。

取出炸篮，给老豆腐翻面后抹另一半料汁，继续烤制12分钟，即可出锅装盘，表面可撒上葱末。

小贴士

◉烤豆腐时也可以不刷油，如果怕粘，可在油纸盘上刷一层油，这样烤出来的豆腐更加低脂健康。

75

蒜蓉秋葵

扫一扫 跟着做

烤制温度
180
摄氏度

烤制时间
4
分钟

难易度
★
1颗星

材料准备

秋葵	200克
蒜	4瓣
盐	1/3茶匙
黑胡椒粉	1/3茶匙

制作方法

秋葵放入加盐的开水中焯烫，变色后立即捞出过冷水。

蒜切末；秋葵沥干水分，去蒂去头，对半切开。

油纸盘里喷油，将秋葵带籽一面朝上摆入，撒盐和黑胡椒粉，喷油。

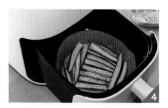

空气炸锅180摄氏度预热5分钟，放入秋葵，烤制2分钟后取出。

撒上蒜末，喷少量油，继续烤制2分钟即可出锅装盘。

小贴士

◎如果炸锅容量较小，秋葵可分层摆放，每一层都需要撒盐和喷油，中途注意翻拌。

烤制温度
180
摄氏度

烤制时间
10
分钟

难易度
★
1颗星

烤香辣藕片

🥄 材料准备

- 莲藕　　　　　　1节
- 洋葱　　　　　　1/2个
- 熟白芝麻　　　　1茶匙
- 蒜　　　　　　　6瓣
- 自制香辣烧烤料　1茶匙
- 盐　　　　　　　1/2茶匙
- 孜然粉　　　　　1/2茶匙
- 白砂糖　　　　　1/2茶匙
- 白胡椒粉　　　　1/2茶匙
- 黑胡椒粉　　　　1/2茶匙

扫一扫 跟着做

🍴 制作方法

莲藕洗净去皮，切薄片，用冷水浸泡；洋葱洗净切碎；蒜切末；藕片放入开水中煮2分钟，捞出过冷水。

油锅烧热，小火将洋葱碎和蒜末炒香，加入所有调料，炒匀后加热水，边煮边搅拌，汤料浓稠时关火。

将藕片沥干水分，放进炒好的汤料锅中，翻拌均匀，让每一片藕都挂上料汁。

炸篮内放入油纸盘，放入裹好料汁的藕片，并把剩下料汁一起倒入。

藕片放入空气炸锅，180摄氏度烤制5分钟，取出藕片翻面，均匀撒上熟白芝麻，继续烤制5分钟，即可出锅装盘。

小贴士

◇如果没有自制香辣烧烤料，可用辣椒粉、五香粉、椒盐粉混合代替。

◇炒料汁的时候一定要收浓稠呈酱状，否则会影响成品口感。

蜜汁南瓜

扫一扫 跟着做

烤制温度	烤制时间	难易度
180摄氏度	30分钟	★1颗星

材料准备

- 贝贝南瓜   1个
- 橄榄油   2汤匙
- 蜂蜜   1汤匙
- 盐   1/4茶匙
- 欧芹碎   1/4茶匙
- 黑胡椒粉   1/4茶匙

制作方法

贝贝南瓜洗净，切开，去瓤和籽，切小块。

南瓜块放在盆中，加入所有调料抓揉均匀，让调料均匀包裹南瓜，盖保鲜膜密封腌制1小时。

空气炸锅180摄氏度预热5分钟，放入油纸盘，平铺上南瓜块。

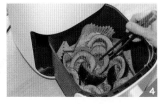

南瓜块放入空气炸锅，180摄氏度烤制15分钟，取出翻面。

继续烤制15分钟，即可出锅装盘。

小贴士

如果南瓜太大，就得切开，或者用锡纸包起来烤。对于大南瓜而言，不包锡纸时不能烤得太久，否则南瓜水分流失过多，会变得干硬。

烤制温度
200
摄氏度

烤制时间
5
分钟

难易度
★
1颗星

扫一扫 跟着做

烤花菜

🥗 材料准备

- 花菜　　　　　300克
- 小苏打粉　　　20克
- 姜　　　　　　10克
- 蒜　　　　　　3瓣
- 干红辣椒　　　2个
- 蚝油　　　　　1茶匙
- 生抽　　　　　1茶匙
- 盐　　　　　　1/3茶匙

🍴 制作方法

花菜掰成小朵，加水浸泡15分钟。姜洗净，切片；蒜切末；干红辣椒洗净，切段。

将花菜冲洗干净，放入开水中焯烫，菜柄变色时立即捞出，过冷水后沥干水分。

花菜放入碗中，加入姜片、蒜末、干红辣椒段、蚝油、生抽、盐，抓拌均匀，腌制15分钟。

空气炸锅200摄氏度预热5分钟，将腌好的花菜均匀地放入油纸盘中。

将花菜放入空气炸锅,200摄氏度烤制5分钟即可出锅装盘。

小贴士

○如果想省略花菜焯水这一步，可以将花菜冲洗干净后直接腌制，然后放进炸锅中烤制，烤制时间延长5分钟即可。

炸洋葱

扫一扫 跟着做

烤制温度	烤制时间	难易度
190、180 摄氏度	14 分钟	★★ 2颗星

🥄 材料准备

- 洋葱 300克
- 面粉 50克
- 白砂糖 1/2茶匙
- 盐 1/2茶匙
- 黑胡椒粉 1/2茶匙

✂️ 制作方法

洋葱洗净，切细丝，尽量把每一条丝都分开，放入盘中，加盐、白砂糖和黑胡椒粉翻拌均匀，腌制20分钟。

洋葱丝出水变软后，放入另一个容器中，加入面粉，翻拌均匀，让洋葱丝均匀地挂上一层面粉。

炸篮内放入油纸盘，喷一层油，将洋葱丝抖散铺开，再喷一层油。

洋葱丝放入空气炸锅，190摄氏度烤制5分钟，取出翻面并拌散，继续烤制5分钟，取出翻面拌散。

空气炸锅转成180摄氏度，烤制2分钟后取出，再次拌散，继续烤制2分钟，直至洋葱丝变金黄即可出锅装盘。

小贴士

- 将洋葱切成细丝，这样更容易炸熟，口感也更好。
- 一定要将每一根洋葱丝都瓣开，不能有连成片的，否则会影响成品的口感。

烤制温度	烤制时间	难易度
200 摄氏度	50 分钟	★ 1颗星

扫一扫 跟着做

原味烤红薯

🐰 材料准备

- 中型红薯　　　　3个

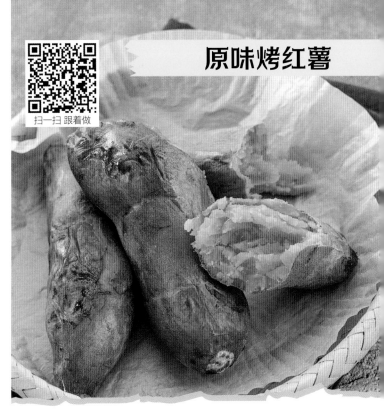

✂ 制作方法

1. 选择个体匀称的中型红薯并洗净。

2. 用锡纸将每个红薯包严实。

3. 空气炸锅200摄氏度预热5分钟，放入包好锡纸的红薯，烤制25分钟。

4. 取出红薯后不必打开锡纸，戴防烫手套将红薯周身按捏一遍。

5. 放入空气炸锅继续烤制25分钟，取出打开锡纸凉凉即可。

小贴士

- 红薯要选择个头细长匀称的，这样烤制后成熟度基本一致。
- 烤制中途将红薯周身捏一遍再烤，可让红薯吃起来更加软糯。

虎皮尖椒

扫一扫 跟着做

| 烤制温度 180 摄氏度 | 烤制时间 11 分钟 | 难易度 ★ 1颗星 |

🍳 材料准备

- 尖椒　　　　　　　5个
- 蒜　　　　　　　　4瓣
- 生抽　　　　　　1汤匙
- 老抽　　　　　　1茶匙
- 自制香辣烧烤料　1茶匙
- 蚝油　　　　　　1茶匙
- 盐　　　　　　1/2茶匙

🔪 制作方法

1

尖椒洗净，去蒂去籽，用手轻轻捏扁。

2

尖椒放入油纸盘，喷一层油，放入空气炸锅，180摄氏度烤制8分钟。

3

将蒜压成泥，放入防烫碗中，加入自制香辣烧烤料、盐，浇上热油激出香味，翻拌均匀。

4

碗中加入生抽、老抽、蚝油，翻拌均匀。

5

将料汁均匀地淋在烤软的尖椒上，再烤制3分钟，即可出锅装盘。

小贴士

◎尖椒洗净之后，可以用盐腌制一会儿，这样能去除尖椒中多余的水分，让尖椒更好地入味。

烤制温度
180
摄氏度

烤制时间
15
分钟

难易度
★★
2颗星

素烤茄片

扫一扫 跟着做

材料准备

茄子	1根
蒜	3瓣
生抽	1茶匙
蚝油	1茶匙
豆豉辣酱	1茶匙
白砂糖	1茶匙

制作方法

茄子洗净去蒂,斜切成1厘米厚的片,在每一片茄子的正反两面切花刀。

炸篮内放入油纸盘,喷一层油,码好茄片。

茄片表面再喷一层油,用刷子将油刷匀,放入空气炸锅,180摄氏度烤制10分钟。

将蒜压成蒜泥,放入碗中,加入白砂糖、生抽、蚝油、豆豉辣酱,翻拌均匀。

取出炸篮,给茄片翻面,将调好的料汁均匀地抹在每一片茄子上,再次放入空气炸锅烤制5分钟,即可出锅装盘。

小贴士

◦在茄片上切花刀,1~2毫米深即可,注意不要切断,这样方便入味。

酱烤茄子

扫一扫 跟着做

烤制温度	烤制时间	难易度
200 摄氏度	25 分钟	★ 1颗星

材料准备

细长条嫩茄子	2个
小米椒	1个
蒜	5瓣
橄榄油	2汤匙
生抽	1汤匙
蚝油	1茶匙
甜面酱	1茶匙
白砂糖	1茶匙
孜然粉	1/2茶匙
葱花	适量

制作方法

1. 茄子洗净，切成适合炸锅的长度，放入油纸盘。

2. 茄子周身刷上一层油，放入空气炸锅200摄氏度烤制20分钟。

3. 小米椒和蒜切成末，放入碗中，加入白砂糖、生抽、蚝油、孜然粉、甜面酱、橄榄油，翻拌均匀成料汁。

4. 取出炸篮，用锋利的刀切开烤熟的茄子，露出内瓤。

5. 将料汁均匀地抹在茄子的内瓤上，放入炸锅200摄氏度继续烤制5分钟，出锅后撒上葱花即可装盘。

小贴士

◇茄子可以提前放水里浸泡一会儿，吸收水分，这样烤出来外焦里嫩更美味。

烤制温度 180 摄氏度

烤制时间 20 分钟

难易度 ★ 1颗星

扫一扫 跟着做

五香花生仁

🖊 材料准备

⊛ 花生仁	200克
⊛ 盐	1/2茶匙
⊛ 五香粉	1/4茶匙
⊛ 八角	适量
⊛ 桂皮	适量
⊛ 陈皮	适量
⊛ 香叶	适量
⊛ 花椒	适量
⊛ 小茴香	适量

✂ 制作方法

花生仁洗净,挑出破皮、霉变的坏果,沥干水分。

花生仁中加入所有香料、五香粉和盐,加水没过花生仁约1厘米,盖上保鲜膜密封,放入冰箱冷藏腌制一晚。

空气炸锅180摄氏度预热5分钟,放入油纸盘,捞出腌制好的花生仁,沥干水分,平铺入盘。

花生仁放入空气炸锅,180摄氏度烤制20分钟,中途每2分钟取出来摇晃一下。待花生仁表面干爽并出现微小焦斑时即可取出装盘。

小贴士

◦根据花生仁的品种和大小,可适当调整烘烤时间。

◦花生仁烤好后取出,要散开放在通风处凉凉,再保存于密封盒内,并尽快食用。

孜然蘑菇

烤制温度	烤制时间	难易度
200 摄氏度	14 分钟	★★ 2颗星

扫一扫 跟着做

芳香浓烈的孜然和鲜美的平菇,两种味道完美融合,而酥脆的口感则是空气炸锅的馈赠。

材料准备

平菇	300克	蚝油	1茶匙
鸡蛋	1个	盐	1/2茶匙
熟白芝麻	1茶匙	孜然粉	1/2茶匙
淀粉	20克		

制作方法

平菇去掉根部并洗净,挤去水分。

大片的平菇撕小片,放入盘中。

鸡蛋打散,淋在平菇上,再加入蚝油、盐,翻拌均匀。

盘中加入淀粉,轻轻翻拌均匀,让平菇挂上一层薄糊。

炸篮内放入油纸盘,喷一层油,把平菇摊开放入,再喷一层油。

平菇放入空气炸锅,200摄氏度烤制12分钟,取出炸篮,翻拌一下,撒熟白芝麻、孜然粉。

继续烤制2分钟,取出炸篮,将平菇翻拌均匀。

出锅装盘,如平菇上色不均,可视情况继续烤1~2分钟至干爽即可。

小贴士

◎因空气炸锅容量不同,平菇出锅时如遇上色不均的情况,可将已烤好的取出,剩余上色不均的继续烤1~2分钟至上色。

烤西葫芦

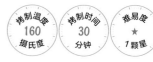

扫一扫 跟着做

烤制温度	烤制时间	难易度
160 摄氏度	30 分钟	★ 1颗星

🥄 材料准备

- 西葫芦　　　　　　1个
- 橄榄油　　　　　　1汤匙
- 自制香辣烧烤料　　2茶匙
- 盐　　　　　　　　1/2茶匙
- 黑胡椒粉　　　　　1/2茶匙

🍴 制作方法

1

西葫芦洗净，去头去蒂，先切四瓣，再切小块备用。

2

西葫芦块放入碗中，加入自制香辣烧烤料、盐、黑胡椒粉、橄榄油，翻拌均匀。

3

炸篮内放入油纸盘，码好拌匀的西葫芦块。

4

西葫芦块放入空气炸锅，160摄氏度烤30分钟，中途每隔10分钟取出翻拌一次。

5

烤到西葫芦边缘微焦、发皱、变软，即可出锅装盘。

小贴士

- 新鲜的西葫芦比较嫩，不必去皮。
- 具体的烤制时间可按西葫芦的大小适当调整，烤制25分钟后就要密切观察，西葫芦变软即表示熟了。

烤制温度	烤制时间	难易度
180 摄氏度	10 分钟	★ 1颗星

扫一扫 跟着做

五香烤香菇

🍴 材料准备

鲜香菇	300克
橄榄油	2汤匙
自制香辣烧烤料	1茶匙
盐	1/2茶匙
五香粉	1/2茶匙
孜然粉	1/2茶匙
黑胡椒粉	1/2茶匙

🔪 制作方法

鲜香菇洗净去蒂, 切片。

香菇片放入碗中, 加入自制香辣烧烤料、盐、五香粉、孜然粉、黑胡椒粉, 翻拌均匀, 腌制20分钟。

在变软的香菇片中加入橄榄油, 翻拌均匀。

将腌好的香菇片平铺放入油纸盘中, 放入空气炸锅, 180摄氏度烤制8分钟。

取出香菇片翻拌一下, 继续烤制2分钟至干爽状态即可出锅装盘。

小贴士

○ 建议选择鲜香菇进行烤制, 避免使用泡发的香菇, 否则口感会又老又硬。

○ 可以根据个人口感与空气炸锅的功率适当调整烤制时间。

串串烤包菜

扫一扫 跟着做

| 烤制温度 180 摄氏度 | 烤制时间 10 分钟 | 难易度 ★ 7 颗星 |

🥄 材料准备

- 包菜　　　　　　3/4 颗
- 橄榄油　　　　　1 汤匙
- 自制香辣烧烤料　1 汤匙
- 熟白芝麻　　　　1 茶匙
- 蚝油　　　　　　1/2 茶匙
- 盐　　　　　　　1/2 茶匙
- 孜然粉　　　　　1/2 茶匙

✂ 制作方法

包菜洗净，去根和较硬的菜梗。竹签平均分布，插入包菜中。

再以竹签为中心切开包菜，以能放入炸篮的长度为宜，将包菜掰散。

取一个小碗，加入所有调料，混合翻拌均匀。

将穿好的包菜串排入炸篮，将一半调料均匀地刷在包菜上，放入空气炸锅，180 摄氏度烤制 5 分钟。

取出炸篮，给包菜串翻面，将剩余调料全部刷上，继续烤制 5 分钟，出锅装盘即可。

小贴士

- 如果没有自制香辣烧烤料，可用辣椒粉代替。
- 先插竹签再切，可让包菜不易散开，边角也会切得更整齐。

烤制温度 180 摄氏度

烤制时间 7 分钟

难易度 ★ 1颗星

螺丝椒烩豆干

扫一扫 跟着做

🍴 材料准备

螺丝椒	200克
原味豆腐干	200克
番茄酱	1汤匙
蚝油	1汤匙
白砂糖	1汤匙
熟白芝麻	1茶匙
红糖	1茶匙
盐	1/2茶匙
淀粉	1/2茶匙
五香粉	1/2茶匙
黑胡椒粉	1/2茶匙
大蒜粉	1/2茶匙

🍴 制作方法

1
螺丝椒洗净，去蒂去籽，切滚刀块；豆腐干切粗条。

2
将所有调料混合，加20毫升水搅拌至糖溶化，制成料汁。

3
炸篮内放入油纸盘，喷一层油，码好螺丝椒块，再喷一层油。

4
螺丝椒放入空气炸锅，180摄氏度烤3分钟，取出加入豆干，加入一半料汁翻拌均匀，继续烤制2分钟。

5
取出翻拌，倒入剩余料汁，翻拌均匀，继续烤制2分钟即可出锅装盘，撒上少量熟白芝麻。

小贴士

○ 螺丝椒可用不太辣的尖椒代替，也可按个人口味减少辣椒的用量。

○ 烤制过程中要多次开锅翻拌，让调料均匀分布，食材才更入味。

素烤胡萝卜杂蔬

扫一扫 跟着做

烤制温度	烤制时间	难易度
180摄氏度	33分钟	★ 1颗星

🍳 材料准备

● 胡萝卜	120克
● 莴笋	60克
● 莲藕	90克
● 海鲜菇	50克
● 鲜香菇	2个
● 小番茄	5个
● 洋葱	1/4个
● 蒜	4瓣
● 蚝油	1茶匙
● 盐	1/2茶匙
● 孜然粉	1/2茶匙
● 五香粉	1/2茶匙

🍴 制作方法

所有蔬菜洗净；胡萝卜、莴笋、莲藕、鲜香菇、洋葱切小块；小番茄对半切开；蒜切片；海鲜菇撕开。

胡萝卜、莴笋、莲藕、香菇放入碗中，加入盐、孜然粉、五香粉、蚝油，翻拌均匀，再喷一层油，翻拌均匀。

炸篮内放入油纸盘，喷一层油，铺入洋葱块，放入空气炸锅，180摄氏度烤制3分钟。

取出炸篮，将翻拌均匀的蔬菜平铺放入炸篮，放入空气炸锅，180摄氏度烤制20分钟，中途取出翻拌一次。

取出炸篮，加入海鲜菇片、小番茄，撒蒜片、五香粉，再喷一层油，继续烤制10分钟，中途翻拌一次，即可出锅装盘。

小贴士

◦ 蔬菜要选择口感和硬度相似的，将不易熟的先放入炸篮，易熟的后放。

◦ 不同型号的空气炸锅功率不同，烤制时要注意观察，胡萝卜边缘变焦黄即可出锅，防止烤糊。

烤制温度	烤制时间	难易度
150 摄氏度	20 分钟	★ 1 颗星

脆烤羽衣甘蓝

扫一扫 跟着做

🥄 材料准备

● 羽衣甘蓝	100克
● 橄榄油	1汤匙
● 盐	1/3茶匙
● 姜黄粉	1/3茶匙
● 黑胡椒粉	1/3茶匙

🍴 制作方法

羽衣甘蓝洗净，沥干水分。

将羽衣甘蓝撕下叶子，去除硬梗。

将羽衣甘蓝放入油纸盘，加入所有调料，抓拌均匀。

炸篮内放入羽衣甘蓝，150摄氏度烤制20分钟，中途翻面。

取出变脆的羽衣甘蓝装盘，还未烤脆的可继续烤1~2分钟至完全酥脆。

小贴士

◎烤制的时候油一定要放足量，否则不易烤酥脆；盐要少放，否则叶子烤干水分后会变得很咸。

◎烤好后要尽快食用，时间久了会返潮，可回锅烤2~3分钟。

93

手撕杏鲍菇

扫一扫 跟着做

烤制温度
180
摄氏度

烤制时间
17
分钟

难易度
★
1 颗星

🍴 材料准备

- 杏鲍菇   3 个
- 橄榄油   1 汤匙
- 盐   1 茶匙
- 黑胡椒粉   1/2 茶匙
- 孜然粉   1/2 茶匙
- 五香粉   1/2 茶匙
- 大蒜粉   1/2 茶匙

✂ 制作方法

1

2

3

杏鲍菇洗净，去掉根部过老部分，均匀地撕成粗条。

撕好的杏鲍菇放入盘中，加入盐翻拌均匀，腌制 20 分钟，至杏鲍菇条变软，挤去水分。

杏鲍菇放入碗中，加入孜然粉、五香粉、黑胡椒粉、大蒜粉，翻拌均匀，再加入橄榄油，翻拌均匀。

4

5

炸篮内放入油纸盘，平铺上杏鲍菇，放入空气炸锅，180 摄氏度烤制 7 分钟，取出翻拌，倒掉多余的汁水。

继续烤制 10 分钟，烤至杏鲍菇色泽金黄即可出锅装盘。

小贴士

- 杏鲍菇不用刀切，用手撕成条会更加入味、更好吃。
- 杏鲍菇用盐腌制时间一定要足够。烤制中途如出水过多，要倒掉汁水再烤，这样成品口感才会干爽。

烤制温度 180 摄氏度 | 烤制时间 10 分钟 | 难易度 ★ 1颗星

扫一扫 跟着做

烤金针菇

🥢 材料准备

- 金针菇　　　　250克
- 蒜　　　　　　3瓣
- 小米椒　　　　1个
- 自制烧烤酱　　1汤匙
- 蚝油　　　　　1茶匙

🔪 制作方法

金针菇去掉根部，冲洗干净，挤去水分。

蒜切末；小米椒切小圈；碗中加入30毫升水、自制烧烤酱、蚝油、蒜末、小米椒翻拌均匀成酱汁。

炸篮内放入油纸盘，喷一层油，平铺放入金针菇，均匀地抹上酱汁。

金针菇放入空气炸锅，180摄氏度烤制8分钟，取出炸篮，轻柔地给金针菇翻面。如果烤得过干，可再喷少量油。

继续烤制2分钟即可出锅装盘。

小贴士

◦ 金针菇入锅前一定要冲洗干净并挤干水分，否则烤制出来口感绵软不酥脆。

◦ 如果不喜欢吃辣，可去掉小米椒，并将蒜的用量减半。

芝士烤线茄

烤制温度
160,190
摄氏度

烤制时间
21
分钟

难易度
★
1颗星

扫一扫 跟着做

茄子和芝士的混搭，在空气炸锅的帮助下实现完美融合，成就了一道创意美食。

材料准备

- 线茄　　　　　　1根
- 马苏里拉芝士　　30克
- 盐　　　　　　　1茶匙
- 黑胡椒粉　　　　1/2茶匙

制作方法

线茄洗净，去蒂，切寸段后再对半切开。

准备约500毫升水，加入盐，切好的茄子放进盐水中，搅拌均匀后将切面向下，浸泡20分钟。

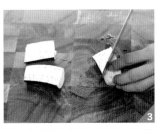

捞出泡好的茄子，在每一块茄子的切面上划网格花刀。

炸篮内放入油纸盘，喷一层油，茄块切面向上平铺码好，表面撒微量黑胡椒粉，并均匀地撒上芝士。

茄块放入空气炸锅，160摄氏度烤制6分钟至表面芝士凝固，取出炸篮，为茄块翻面。

继续烤制10分钟至茄块表面变软变皱，再次取出翻面。

芝士面向上，190摄氏度烤制5分钟，至芝士色泽金黄即可出锅装盘。

小贴士

- 为了保证口感，这道菜一定要使用鲜嫩的线茄，不建议使用其他品种的茄子。
- 泡盐水既是为了让茄子入味，也可以防止其氧化，这一步骤不可省略。
- 泡过盐水的茄子已经有咸味，烤制时不需要额外加盐。

橄榄蚝油杏鲍菇

扫一扫 跟着做

烤制温度 **180** 摄氏度　烤制时间 **25** 分钟　难易度 **★** 1颗星

🥄 材料准备

- 杏鲍菇　250克（约2个）
- 熟白芝麻　　　　　　5克
- 蚝油　　　　　　1汤匙
- 白砂糖　　　　　　1茶匙
- 盐　　　　　　1/2茶匙
- 黑胡椒粉　　　　1/2茶匙

🍴 制作方法

1 杏鲍菇洗净，去掉根部过老的部分，切薄片。

2 炸篮内放入油纸盘，喷一层油，平铺码好杏鲍菇片（要分2次烤制），再喷一层油。

3 杏鲍菇片放入空气炸锅，180摄氏度烤制10分钟后取出，继续烤下一盘。

4 取一个小碗，加入蚝油、盐、白砂糖、黑胡椒粉、熟白芝麻，翻拌均匀成酱料。

5 油纸盘中放回之前烤好的杏鲍菇片，均匀地刷上酱料，继续烤制5分钟即可出锅装盘。

小贴士

◎杏鲍菇烤制后体积会缩小，如果炸锅容量较小，可按容量分2锅或3锅烤制。

烤制温度
180
摄氏度

烤制时间
15
分钟

难易度
★
1 颗星

蜜烤香蒜

扫一扫 跟着做

🧄 材料准备

- 蒜　　　　　　4 头
- 蜂蜜　　　　　1 汤匙
- 黄油　　　　　5 克
- 黑胡椒粉　　　1/2 茶匙
- 盐　　　　　　1/2 茶匙

🍴 制作方法

蒜去掉外皮，只保留最内层的薄皮。

在蒜身 1/3 处横剖切开，露出蒜瓣。

在露出的蒜瓣切面上涂抹一层黄油，再涂抹一层蜂蜜。

在蒜瓣上均匀地撒上黑胡椒粉和盐，排入炸篮，放入空气炸锅。

180 摄氏度烤制 15 分钟，至蒜表面焦黄即可取出装盘。

小贴士

- 切掉的蒜不必丢掉，可留用烧菜或作他用。
- 如果喜欢吃辣，可按个人喜好增加辣椒粉调味。

蒜蓉香料小番茄

扫一扫 跟着做

烤制温度	烤制时间	难易度
180 摄氏度	15 分钟	★ 1 颗星

材料准备

小番茄	300克
蒜	4瓣
盐	1/2茶匙
干百里香	1/2茶匙
黑胡椒粉	1/2茶匙

制作方法

小番茄洗净，去蒂，用刀在顶部轻划十字口。

炸篮内放入油纸盘，小番茄开口朝上放入码好。

在小番茄上撒一层盐、黑胡椒粉、干百里香，喷一层油。

蒜压成蒜泥，均匀地放在小番茄上，再喷一层油。

小番茄放入空气炸锅，180摄氏度烤制15分钟，至小番茄表皮褶皱、蒜蓉金黄即可出锅装盘。

小贴士

○ 抹蒜蓉时，最好在小番茄的开口处按压一下，防止掉落。

○ 每种型号的空气炸锅的温度控制情况略有不同，从闻到蒜香味开始，要及时开锅观察，防止烤煳。

烤制温度	烤制时间	难易度
180 摄氏度	23 分钟	★ 1颗星

醋烹莲藕

扫一扫 跟着做

🍳 材料准备

莲藕	1节
苹果醋	3汤匙
橄榄油	1汤匙
番茄酱	1汤匙
自制鸡精	1茶匙
盐	1茶匙
白砂糖	1茶匙
姜粉	1/3茶匙
五香粉	1/3茶匙

🍴 制作方法

莲藕去节洗净，去皮切条，放入碗中，加入盐、姜粉、五香粉、自制鸡精、橄榄油，翻拌均匀。

取一个小碗，放入苹果醋、白砂糖、番茄酱搅匀成料汁。

炸篮内放入油纸盘，铺平放入拌好的藕条。

藕条放入空气炸锅，180摄氏度烤制15分钟，取出炸篮，将藕条翻拌均匀，继续烤制5分钟。

取出炸篮，将料汁淋在藕条上，翻拌均匀，继续烤制3分钟即可出锅装盘。

小贴士

○苹果醋可以让藕条的味道更清甜，如果没有，可换成米醋，用陈醋或老醋则要适当减少用量，否则过酸会影响口感。

香芋片

扫一扫 跟着做

烤制温度
180
摄氏度

烤制时间
15
分钟

难易度
★
1颗星

🥄 材料准备

- 荔浦芋头　　　　300克
- 盐　　　　　　1/2茶匙
- 黑胡椒粉　　　1/2茶匙

🍴 制作方法

1

戴上手套,将荔浦芋头洗净去皮,放入水中多洗几遍,对半切开,切薄片,越薄越好。

2

碗中放水,加盐,把切好的芋头片放入盐水中浸泡20分钟。

3

捞出芋头片沥干水分,平铺放入炸篮,不要堆叠,在芋头片上撒盐、黑胡椒粉。

4

180摄氏度烤制15分钟,中途翻面,烤至芋头片干硬、微微焦黄即可出锅。

5

将出锅后的芋头片放在烤网上,彻底凉凉后装进密封袋中保存。

小贴士

- 芋头要多洗几遍,尽量去除过多的淀粉。

- 烤制时不要堆叠芋头片,避免受热不均匀,影响口感。如炸锅容量不够,可按容量分2次或3次烤制。

烤制温度
180
摄氏度

烤制时间
5
分钟

难易度
★
1颗星

扫一扫 跟着做

烤口蘑

🍳 材料准备

- 口蘑　　　　　230克
- 黑胡椒粉　　　1/3茶匙
- 盐　　　　　　1/4茶匙
- 欧芹碎　　　　适量
- 葱花　　　　　适量

🔪 制作方法

口蘑洗净，去蒂。

炸篮内放入油纸盘，喷一层油，把口蘑开口朝下码好，再喷一层油。

口蘑放入空气炸锅，180摄氏度烤2分钟，取出翻面。

在口蘑上均匀地撒盐、黑胡椒粉、欧芹碎，继续烤制3分钟，至口蘑有汤汁溢出。

小心取出带有汤汁的口蘑装盘，撒上葱花。

小贴士

◇优先挑选没有开伞的口蘑，烤制后汤汁更多，口感相对较好。

◇烤制时，口蘑溢出的汤汁非常鲜美，注意不要丢弃。

蚝汁茄盒

烤制温度 180摄氏度

烤制时间 20分钟

烤易度 ★★ 2颗星

扫一扫 跟着做

鲜嫩的肉馅搭配焦脆的茄子，没有油腻，只有满口香。还可以裹上面包糠，又是另一番美味。

104

材料准备

- 茄子　　　　　300克
- 猪肉馅　　　　200克
- 玉米淀粉　　　1茶匙
- 料酒　　　　　1汤匙
- 生抽　　　　　1汤匙
- 番茄酱　　　　1汤匙
- 白砂糖　　　　1茶匙
- 蚝油　　　　　1茶匙
- 姜粉　　　　1/2茶匙
- 盐　　　　　1/2茶匙
- 黑胡椒粉　　1/2茶匙
- 葱花　　　　　适量

制作方法

猪肉馅放入碗中，加入料酒、生抽、姜粉、盐、黑胡椒粉、玉米淀粉，同方向搅打至上劲，腌制20分钟。

茄子洗净，去除头和蒂，切成约5毫米厚的片，第一刀不切断，第二刀再切断，形成一个茄盒。

用筷子夹取适量腌制好的肉馅塞进茄盒中，尽量塞均匀，直至全部塞完。

取一个小碗，加入白砂糖、蚝油、番茄酱、水，搅拌均匀成料汁。

炸篮内放入油纸盘，喷一层油，间隔排好茄盒，将一半料汁均匀地刷在茄盒上。

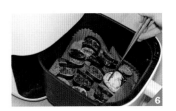

茄盒放入空气炸锅，180摄氏度烤10分钟，取出翻面。

刷上剩余料汁，再喷一层油。

继续烤制10分钟，至茄盒两面金黄即可出锅装盘，撒上葱花。

小贴士

- 猪肉馅的量要按茄片的大小适当调整，如果茄片较大，可适当增加猪肉馅的用量。
- 烤制温度不要设置太高，以免内部肉馅未熟而茄盒外面已经焦糊。

鲜味十足的
鱼虾蟹贝

辣烤花蛤

扫一扫 跟着做

烤制温度 180 摄氏度	烤制时间 6 分钟	烂易度 ★ 1颗星

🥄 材料准备

鲜活花蛤	500克
杭椒	3个
干红辣椒	3个
蒜	4瓣
豆豉	2茶匙
料酒	1汤匙
生抽	2茶匙
盐	1/2茶匙
辣椒油	1茶匙
姜粉	1/2茶匙

✂ 制作方法

鲜活花蛤倒入盆中，加入水、盐和油，静置吐沙2小时。

杭椒、干红辣椒洗净，和蒜、豆豉一起切碎放入碗中，加入料酒、生抽、姜粉、辣椒油翻拌均匀成料汁。

炸篮内加适量水，放上烤网，200摄氏度预热6分钟。

上汽后取出炸篮，放入吐净沙的花蛤，180摄氏度烤制3分钟，花蛤开口后立即取出。

开口的花蛤放入锡纸盘内，加入调好的料汁，翻拌均匀，喷一层油；倒出炸篮内的水，放入锡纸盘，继续烤制3分钟，取出翻拌均匀即可。

小贴士

- 步骤③中加入的水量不要超过烤网的高度。

- 每种花蛤大小不同，开口时间也不同，要根据实际情况勤加观察，开口即可取出。

烤制温度 180 摄氏度 | 烤制时间 5 分钟 | 难易度 ★ 1颗星

蒜烤生蚝

扫一扫 跟着做

🥢 材料准备

- 生蚝　　　　6个
- 小米椒　　　2个
- 葱末　　　　1茶匙
- 蒜　　　　　1头
- 橄榄油　　　3汤匙
- 盐　　　　　1/2茶匙
- 白胡椒粉　　1/2茶匙

✂ 制作方法

1. 蒜去皮洗净，切末；小米椒洗净切碎。

2. 油锅烧热，下蒜末，小火慢炸至出香味，蒜末略变金黄色即关火，加入盐、白胡椒粉、葱末、小米椒碎，翻拌均匀。

3. 锅烧开水，生蚝洗净，上屉蒸2分钟。观察生蚝有轻微开口即关火，用撬刀沿开口处伸入蚝壳，紧贴较平的一面，切下蚝肉，将外壳掰开。

4. 生蚝放入炸篮，将做好的蒜料汁均匀地抹在每一个蚝肉上，放入空气炸锅，180摄氏度烤5分钟即可出锅装盘。

小贴士

- 炸蒜末时要开小火，也不能炸太久，否则蒜末味道会变苦。

- 可直接撬开生蚝，也可蒸开小口后再撬，但一定不要蒸太久，以免影响口感。

酱焖黄花鱼

烤制温度
180
摄氏度

烤制时间
15
分钟

难易度
★ ★ ★
3颗星

扫一扫 跟着做

🥄 材料准备

● 黄花鱼	1条		● 花雕酒	1茶匙
● 大葱	1段		● 黄豆酱	1茶匙
● 姜	20克		● 白砂糖	1茶匙
● 蒜	1瓣		● 盐	1/2茶匙
● 料酒	1汤匙		● 白胡椒粉	1/2茶匙
● 生抽	1茶匙			

✂ 制作方法

将黄花鱼肚子剪开，去鳃、内脏、鳞等不可食用的部分，去鱼鳍，剪开背鳍，洗净。

在鱼身两面各斜切两道花刀，再抹上料酒、盐、白胡椒粉，腌制30分钟。

大葱洗净，切丝；蒜切片；姜洗净，切片。

取一个小碗，加入生抽、白砂糖、花雕酒、黄豆酱，搅拌均匀成料汁。

炸篮内放入油纸盘，喷一层油，撒入一半的葱丝、姜片、蒜片，放入鱼。

在鱼身表面均匀地刷上料汁，再喷一层油，将另一半葱丝、姜片、蒜片放在鱼身上、鱼肚内。鱼放入空气炸锅，180摄氏度烤制10分钟。

取出炸篮，小心地将鱼翻面，将剩余料汁刷在鱼身上，再喷一层油，将散落的葱丝、姜片、蒜片摆放到鱼身上。

继续烤制5分钟，即可出锅装盘。

小贴士

◎ 不同大小的鱼，烤制时间也不同，如果鱼比较大，可以适当延长烤制时间。

◎ 鱼的每一面都要喷油，这一步尽量不要省略，否则成品的口感会变得又干又柴。

油焖虾

扫一扫 跟着做

烤制温度
180
摄氏度

烤制时间
12
分钟

难易度
★
1颗星

🍴 材料准备

● 白虾	300克
● 干红辣椒	2个
● 姜	15克
● 蒜	5瓣
● 橄榄油	2汤匙
● 料酒	1汤匙
● 生抽	1汤匙
● 白砂糖	1茶匙
● 盐	1茶匙
● 黑胡椒粉	1/2茶匙

🍴 制作方法

白虾洗净，去虾须、虾枪、虾脚和虾线。

干红辣椒洗净，切碎；姜洗净，切片；取一个小碗，把蒜压成泥，加入橄榄油浸润备用。

洗净的虾放入碗中，加入料酒、生抽、盐、白砂糖、黑胡椒粉、干红辣椒碎、姜片，搅拌均匀，腌制20分钟。

空气炸锅180摄氏度预热5分钟；取一个锡纸盘，将腌制好的虾放入盘中，加入油浸的蒜泥。

白虾放入空气炸锅，烤制6分钟，取出翻拌均匀，继续烤制6分钟即可出锅装盘。

小贴士

◇根据白虾的大小，可按实际烤制情况适当延长1~2分钟的烤制时间，确保白虾熟透。

◇可以根据个人口味加入适量辣椒粉或孜然粉等调料，丰富口感。

烤制温度
170
摄氏度

烤制时间
45
分钟

难易度
★
1颗星

🥄 材料准备

- 白虾　　　　400克
- 姜片　　　　15克
- 料酒　　　　20毫升
- 盐　　　　　1茶匙

烤虾干

扫一扫 跟着做

✂ 制作方法

白虾洗净，去虾须、虾枪、虾脚和虾线。

洗净的白虾放入锅中，加入盐、料酒、姜片和水，煮开撇去浮沫，再煮1分钟后关火。

白虾留在汤汁中浸泡1小时。

白虾捞出沥干水分，去姜片，放入空气炸锅，170摄氏度烤30分钟。取出炸篮，给虾翻面，继续烤制15分钟。

虾完全变干爽后取出，放在通风的网架上，凉透后密封保存即可。

小贴士

○去虾线时，在虾的第二节处插入牙签，挑出虾线，可保持虾形完整。

○烤虾的时间要按照虾的大小来灵活调节。如果虾较大、肉质较厚，就要适当延长烤制时间。

盐烤金鲳鱼

烤制温度	烤制时间	烤易度
180 摄氏度	20 分钟	★★ 2颗星

扫一扫 跟着做

刺少肉嫩的金鲳鱼，处理起来非常简单，搭配空气炸锅，妥妥的懒人大餐。

🛵 材料准备

- 金鲳鱼　1条（约700克）
- 大葱　　　　　40克
- 高度白酒　　　1汤匙
- 盐　　　　　　1茶匙
- 姜粉　　　　1/2茶匙

- 白胡椒粉　　1/2茶匙
- 黑胡椒粉　　1/2茶匙
- 大蒜粉　　　1/2茶匙
- 自制椒盐　　1/2茶匙
- 五香粉　　　1/2茶匙

✂️ 制作方法

金鲳鱼肚子剪开，去内脏、鳃等不可食用的部分。

处理好的金鲳鱼洗净后用厨房纸擦干水。

在鱼身两面切菱形花刀；大葱洗净，一半切片，一半切丝。

鱼身两面用高度白酒、盐、姜粉、白胡椒粉、大葱片揉搓均匀，腌制1小时。腌好后去除表面的大葱片。

炸篮内放油纸盘，喷一层油，铺一层葱丝，放入鱼，表面撒大蒜粉、自制椒盐、五香粉、黑胡椒粉。

鱼身上再放一层葱丝，喷一层油。放入空气炸锅，180摄氏度烤制10分钟，取出用铲子辅助给金鲳鱼翻面。

翻面的鱼身上撒一层大蒜粉、自制椒盐、五香粉、黑胡椒粉，喷一层油。

继续烤制10分钟，至鱼表面金黄即可出锅装盘。

小贴士

- 要根据炸锅的容量选择大小合适的金鲳鱼，避免鱼身过大烤不均匀。
- 不同大小的鱼，烤制时间不同，如果鱼比较大，可以适当延长烤制时间。

迷迭香烤三文鱼

扫一扫 跟着做

| 烤制温度 180 摄氏度 | 烤制时间 12 分钟 | 难易度 ★ 1 颗星 |

材料准备

三文鱼	250克
柠檬	1/2个
迷迭香	1茶匙
盐	1茶匙
黑胡椒粉	1/2茶匙
欧芹碎	适量

制作方法

1. 三文鱼洗净去皮，切大块。

2. 三文鱼块放入盘中，加入盐、黑胡椒粉、迷迭香，挤几滴柠檬汁，盖上保鲜膜腌制2小时，中途翻几次面，使调料均匀分布。

3. 空气炸锅180摄氏度预热5分钟，放入油纸盘，喷一层油，放入腌好的三文鱼块。

4. 烤制6分钟，取出炸篮，将鱼块轻轻翻面，继续烤制6分钟，至鱼块两面金黄即可出锅装盘。

5. 装盘后撒上欧芹碎，再挤几滴柠檬汁，放上新鲜迷迭香枝叶。

小贴士

◦ 烤制时间可按三文鱼肉的厚度适当调整，如鱼肉较厚，可在第一次翻面后再烤制2分钟。

烤制温度	烤制时间	烤易度
180 摄氏度	18 分钟	★ 1颗星

扫一扫 跟着做

干煎带鱼

🍳 材料准备

- 带鱼段　　　250克
- 大葱　　　　20克
- 姜　　　　　10克
- 料酒　　　　1汤匙
- 生抽　　　　1汤匙
- 盐　　　　　1茶匙
- 五香粉　　　1/2茶匙

🍴 制作方法

将带鱼肚子里的黑膜去掉，洗净，沥干水分后放入碗中。

大葱洗净，切薄片；姜洗净，切粗丝。

带鱼段中加入大葱片、姜丝、料酒、盐、五香粉、生抽，翻拌均匀，腌制2小时，中途翻拌几次。

炸篮内放入油纸盘，喷一层油，将带鱼段去掉大葱片、姜丝后平铺放入，再喷一层油。

带鱼段放入空气炸锅，180摄氏度烤8分钟，取出翻面。继续烤制10分钟，至带鱼段表面干爽、金黄即可出锅装盘。

小贴士

○ 带鱼表面有一层鳞片，要清洗干净，否则会影响口感。

○ 如果选择的带鱼肉质较厚，可适当延长烤制时间。

柠檬虾

烤制温度
160,180
摄氏度

烤制时间
16
分钟

难易度
★★
2颗星

🍤 材料准备

● 白虾	250克		● 盐	1茶匙
● 柠檬	1个		● 姜粉	1/2茶匙
● 黄油	15克		● 白胡椒粉	1/2茶匙
● 蒜	3瓣		● 黑胡椒粉	1/2茶匙
● 料酒	1汤匙			

🍴 制作方法

大白虾洗净,在虾头1/3处剪开,挑出虾囊;去虾脚;沿虾背剪开,挑出虾线后洗净。

处理好的虾放入碗中,加入盐、料酒、姜粉、白胡椒粉,抓拌均匀,腌制30分钟。

蒜切末;柠檬从中部切下几片留用;两头的柠檬挤汁备用。

炸篮内放入锡纸盘,加入黄油,放入挤去汁的柠檬壳,160摄氏度烤3分钟,至黄油熔化。

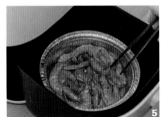

取出炸篮,去掉柠檬壳,放入腌好的虾,翻拌均匀,180摄氏度烤制10分钟,中途取出翻拌一次。

取出炸篮,翻拌虾,撒入蒜末、黑胡椒粉,淋上柠檬汁,将切好的柠檬片盖在虾上继续烤制3分钟。

出锅后去掉柠檬片即可装盘。

小贴士

◎要选择大号的柠檬,这样的柠檬出汁率比较高,如果选择的柠檬个头比较小,可用2个。挤过汁的柠檬壳不要丢掉,与黄油一同烤制会更香,同时也可以压住锡纸盘以免其被热气吸起。

◎如果没有姜粉,可用姜片代替。

柠檬烤三文鱼

扫一扫 跟着做

烤制温度	烤制时间	难易度
160 摄氏度	20 分钟	★ 1 颗星

材料准备

- 三文鱼肉   200克
- 柠檬   1个
- 料酒   1汤匙
- 盐   1茶匙
- 黑胡椒粉   1/2茶匙

制作方法

三文鱼隔水解冻，用厨房纸吸干水分。

三文鱼肉两面均匀涂抹盐、黑胡椒粉、料酒、1/3个柠檬挤的汁，盖上保鲜膜密封，腌制1小时。

剩余柠檬切薄片；炸篮内放入油纸盘，铺入3片或4片柠檬，腌好的鱼肉放在柠檬片上，表面上再盖2片柠檬。

在鱼肉和柠檬片上盖一层锡纸，并用重物压住，放入空气炸锅，160摄氏度烤制20分钟。至鱼身表面金黄即可出锅装盘。

小贴士

- 锡纸盖好后一定要用耐热的重物压住，防止热气将锡纸吸起，造成危险，本菜谱中使用的是洗干净的石头。

- 柠檬片去籽后可以减少苦味，也可按个人喜好调整用量。

烤制温度
180
摄氏度

烤制时间
12
分钟

难易度
★
1颗星

软炸虾仁

🥄 材料准备

- 青虾仁 　　　　250克
- 玉米淀粉 　　　25克
- 红薯淀粉 　　　25克
- 鸡蛋 　　　　　1个
- 盐 　　　　　　1茶匙
- 白胡椒粉 　　　1/2茶匙

扫一扫 跟着做

✂ 制作方法

1

青虾仁洗净，用厨房纸吸去水分；处理好的虾仁放入盘中，加入盐、白胡椒粉，腌制30分钟。

2

鸡蛋打散；玉米淀粉和红薯淀粉混合；炸篮内放入油纸盘，喷一层油。

3

将腌制好的虾仁依次裹上淀粉、鸡蛋液，然后再裹一次粉。

4

将虾仁抖掉多余的粉后放入油纸盘，喷一层油，180摄氏度烤制6分钟。

5

取出炸篮，给虾仁翻面，180摄氏度继续烤制6分钟，至虾仁两面金黄即可出锅装盘。

小贴士

- 腌制虾仁时间最好长一点，尽量不少于30分钟，这样更利于入味。
- 喷油的步骤一定不要省略，这是保证成品口感酥脆的关键。

炸小黄花鱼

扫一扫 跟着做

烤制温度	烤制时间	炸易度
180	15	★★
摄氏度	分钟	2颗星

🔪 材料准备

- 小黄花鱼　　　　500克
- 面粉　　　　　　30克
- 玉米淀粉　　　　30克
- 面包糠　　　　　50克
- 料酒　　　　　　1汤匙
- 盐　　　　　　　1茶匙
- 姜粉　　　　　1/2茶匙
- 五香粉　　　　1/2茶匙

🔪 制作方法

小黄花鱼洗净，去鳞、去鱼鳍、去鱼头、去内脏并再次洗净，用厨房纸擦干水。

盘中放入处理好的黄花鱼，加入盐、料酒、姜粉，抓拌均匀，腌制30分钟。

面粉、玉米淀粉、五香粉混合均匀，边加水边搅拌，调制成没有面疙瘩、可以缓慢流动的面糊。

腌制好的鱼先沾上一层面糊，再均匀地裹上面包糠，放入炸篮，放入空气炸锅，180摄氏度烤制10分钟。

取出翻面，继续烤制5分钟至鱼身两面金黄即可出锅装盘。

小贴士

- 每种面粉的吸水能力不一样，要视实际情况适当调整水的用量，面糊不能太稀。
- 如果炸锅容量小，建议按容量分2锅或3锅烤制，烤之前裹面糊和面包糠。

烤制温度 **200** 摄氏度　　烤制时间 **13** 分钟　　难易度 ★★ 2颗星

夜市烤鱿鱼

扫一扫 跟着做

材料准备

鱿鱼	1只
熟白芝麻	1茶匙
韩式辣椒酱	1汤匙
自制香辣烧烤料	1茶匙
生抽	1汤匙
白砂糖	1茶匙
盐	1茶匙
蚝油	1茶匙
自制椒盐	1/2茶匙
孜然粉	1/2茶匙
大蒜粉	1/2茶匙
黑胡椒粉	1/2茶匙
葱粉	1/2茶匙

制作方法

鱿鱼洗净，搓揉掉须上的吸盘，去除内脏、鱼牙、软骨及周身黑膜。

沿着鱿鱼身两边间隔剪出花刀。

碗中加入所有调味料，搅拌均匀成料汁。

炸篮内放入油纸盘，喷一层油，平铺放入鱿鱼，刷一层料汁，再喷一层油；200摄氏度烤制5分钟，取出翻面，再刷一层料汁，继续烤制5分钟。

取出炸篮，去除油纸盘，将鱿鱼直接放在烤网上，再将剩余料汁全部刷在鱿鱼上，继续烤制3分钟即可出锅装盘。

小贴士

○鱿鱼一定要处理干净，鱼眼、鱼牙、须上的小吸盘和周身黑膜要去除干净，否则会影响成品的口感。

○如果喜欢焦香的口感，可以适当延长烤制时间。

123

香蒜鲍鱼

扫一扫 跟着做

烤制温度	烤制时间	难易度
180 摄氏度	9 分钟	★ 1颗星

材料准备

鲍鱼	6个
熔化黄油	1汤匙
蒜末	1汤匙
盐	1茶匙
黑胡椒粉	1/2茶匙

制作方法

1. 鲍鱼洗净，用一个扁平的勺子先在鲍鱼肉四周划一圈，再将鲍鱼肉贴着壳铲起来。把鲍鱼壳清洗干净。

2. 取出的鲍鱼肉，去掉不可食用的部分，洗刷干净后在鲍鱼肉上划菱形花刀。

3. 在鲍鱼壳里刷一层黄油，放入鲍鱼肉，再刷一层黄油。

4. 在鲍鱼肉上撒盐、黑胡椒粉，加蒜末。

5. 处理好的鲍鱼放入炸篮，放入空气炸锅，180摄氏度烤9分钟，至鲍鱼肉表面金黄即可出锅装盘。

小贴士

◎黄油有独特的香味，不建议用植物油代替。

◎建议在出锅前3分钟再加入蒜末，以免蒜末被烤糊，导致成品味道发苦。

烤制温度
180
摄氏度

烤制时间
15
分钟

难易度
★
1颗星

烤银鳕鱼

材料准备

● 鳕鱼块	400克
● 青椒	1个
● 柠檬	1/2个
● 料酒	1汤匙
● 盐	1茶匙
● 黑胡椒粉	1/2茶匙

扫一扫 跟着做

制作方法

1

鳕鱼块处理干净,用厨房纸擦干水。

2

处理好的鳕鱼块放入盘中,淋上料酒,并在鱼肉两面抹上盐和黑胡椒粉,腌制30分钟。

3

青椒洗净,去籽掰小块;炸篮内放入油纸盘,喷一层油,放入青椒块,翻拌均匀后拨到油纸盘边缘。

4

放入腌制好的鳕鱼块,挤上柠檬汁并喷一层油。

5

鳕鱼块放入空气炸锅,180摄氏度烤制15分钟即可出锅装盘。

小贴士

○青椒也可以用其他出水较少的蔬菜代替。

○具体的烤制时间可按鱼肉的厚度适当调整,如果鱼肉较薄,则烤制12分钟,如果鱼肉较厚,可翻面后再适当烤制一会儿。

125

蒜蓉粉丝虾

| 烤制温度 180 摄氏度 | 烤制时间 15 分钟 | 难易度 ★ 1颗星 |

扫一扫 跟着做

光是鲜嫩的虾肉就已经十分诱人，再加上香辣的蒜蓉和可口的粉丝，够味够过瘾!

🍳 材料准备

• 白虾	10个	• 生抽	2汤匙
• 粉丝	30克	• 蚝油	1茶匙
• 黄油	15克	• 白砂糖	1茶匙
• 小米椒	2个	• 盐	1/2茶匙
• 蒜蓉	1汤匙		

🍴 制作方法

粉丝放入开水锅中煮3分钟，关火闷着备用；小米椒洗净，剪碎。

白虾去虾头、虾脚，用刀将虾身横剖开，保留虾尾，去掉虾线，洗净备用。

烤碗中放入黄油，加入一半蒜蓉，放入空气炸锅，180摄氏度烤制3分钟至蒜蓉微黄有香味。

取出烤好的黄油蒜蓉，加入另一半蒜蓉，加入小米椒碎、生抽、蚝油、白砂糖、盐，翻拌均匀成料汁。

取一个大小合适的烤盘，将烫好的粉丝平铺放入烤盘，再使虾尾朝上，将虾肉向两边翻起，逐一摆放在粉丝上。

将调好的料汁淋在虾肉上。

炸篮中加水，烤盘放在烤网上，放入空气炸锅，180摄氏度烤制12分钟，至虾尾呈红色即可出锅装盘。

小贴士

○ 先将一半蒜烤熟，再加入生蒜，这样会使蒜香味更醇厚，但要注意不要烤煳蒜末，以免影响成品口感。

○ 这道菜需要用到耐热的烤盘和烤碗，如果没有合适的烤盘，可以使用空气炸锅专用锡纸盘。

○ 如果不喜欢吃辣，可以不放小米椒。

虾仁豆腐煲

扫一扫 跟着做

烤制温度
130,180
摄氏度

烤制时间
17
分钟

难易度
★★
2颗星

材料准备

- 卤水豆腐 　　　250克
- 抽肠虾仁 　　　150克
- 生抽 　　　2汤匙
- 料酒 　　　1汤匙
- 淀粉 　　　1茶匙
- 蚝油 　　　1茶匙
- 白砂糖 　　　1茶匙
- 姜粉 　　　1茶匙
- 葱花 　　　适量

制作方法

1

将卤水豆腐切成适口的小块。

2

碗中加入白砂糖、淀粉、生抽、蚝油，搅拌均匀成料汁。

3

取大小合适的烤碗，放入洗净的抽肠虾仁，加入姜粉、料酒，放入空气炸锅，130摄氏度烤制5分钟，中途取出翻拌均匀。

4

取出虾仁，将汤汁倒掉，趁着烤碗仍有热度加入油，放入豆腐块，180摄氏度烤制6分钟。

5

取出炸篮，将豆腐翻面，加入烤过的虾仁，均匀地淋入料汁，继续烤制6分钟，取出后撒上葱花即可。

小贴士

- 可用锡纸盘或其他耐高温容器代替烤碗。

- 烤碗在操作过程中较烫，拿取时一定要戴好手套，防止烫伤。

烤制温度
180
摄氏度

烤制时间
14
分钟

难易度
★
1颗星

炸虾丸

🍤 材料准备

◉ 抽肠虾仁	250克
◉ 鸡蛋	1个
◉ 面包糠	40克
◉ 料酒	1茶匙
◉ 盐	1茶匙
◉ 葱粉	1茶匙
◉ 大蒜粉	1茶匙
◉ 姜粉	1茶匙
◉ 白胡椒粉	1/2茶匙

扫一扫 跟着做

✂ 制作方法

抽肠虾仁洗净，用厨房纸吸去水分；抽肠虾仁放在案板上，用刀（或刀背）剁成虾泥。

碗中放入虾泥，加入葱粉、姜粉、大蒜粉、盐、白胡椒粉、料酒，朝一个方向搅打至虾肉上劲，腌制15分钟。

在腌制好的虾肉中打入鸡蛋，仍朝同一方向用力搅打，直至蛋液被全部吸收。

炸篮内放入油纸盘，喷一层油，手上蘸水后取一小团虾泥轻轻捏成团，放在面包糠里滚上一圈，间隔码入油纸盘，再喷一层油。

虾丸放入空气炸锅，180摄氏度烤制6分钟，取出炸篮给虾丸翻面，继续烤制8分钟，至虾丸两面金黄即可出锅装盘。

小贴士

◈ 如果没有葱粉、姜粉或者大蒜粉，可以将新鲜的葱、姜、蒜剁成泥代替。

◈ 鸡蛋液可以先加一半，以免虾泥太稀不成形。

香辣蟹

扫一扫 跟着做

烤制温度	烤制时间	难易度
180 摄氏度	15 分钟	★ 1颗星

材料准备

大闸蟹	4只
玉米淀粉	30克
大葱	1/2根
姜	5克
蒜	4瓣
郫县豆瓣酱	1汤匙
生抽	1汤匙
料酒	1汤匙
白砂糖	1茶匙
盐	1/2茶匙
五香粉	1/2茶匙
自制椒盐	1/2茶匙

制作方法

1. 盆中倒入温水，大闸蟹松绑后按住蟹钳，用刷子将其刷洗干净。

2. 打开蟹壳，去掉不可食用的部位，将蟹身对半切开；将蟹盖清洗干净，沥水备用。

3. 大葱、姜洗净切片；蒜切片；盐、白砂糖、五香粉、自制椒盐、料酒、生抽、郫县豆瓣酱在碗中搅拌均匀成料汁。

4. 炸篮中放入油纸盘，喷一层油，将大葱片、姜片、蒜片均匀铺一层，再分别将蟹肉和蟹盖裹上一层淀粉，并抖掉多余的粉，放入油纸盘，再喷一层油。

5. 大闸蟹放入空气炸锅，180摄氏度烤制10分钟，取出炸篮给蟹肉和蟹盖翻面换位置，将料汁再次搅拌后均匀淋入，继续烤制5分钟即可出锅装盘。

小贴士

○螃蟹在温水中动作不太灵敏，比较好刷洗，操作时一定要注意安全，可戴手套操作。

○如果没有自制椒盐，可将花椒炸香后碾碎代替。

烤制温度 **180** 摄氏度

烤制时间 **30** 分钟

难易度 ★★ 2颗星

香辣海鲈鱼

扫一扫 跟着做

🥘 材料准备

- 海鲈鱼　　　1条（约650克）
- 熟白芝麻　　　　　　1茶匙
- 自制烧烤酱　　　　　2汤匙
- 料酒　　　　　　　　1汤匙
- 生抽　　　　　　　　1汤匙
- 蚝油　　　　　　　　1汤匙
- 盐　　　　　　　　1/2茶匙
- 姜粉　　　　　　　1/2茶匙
- 孜然粉　　　　　　1/2茶匙
- 白胡椒粉　　　　　1/2茶匙
- 黑胡椒粉　　　　　1/2茶匙
- 香菜　　　　　　　　　适量

🍴 制作方法

将海鲈鱼处理干净后用厨房纸擦干水，在鱼身两侧间隔斜切花刀，去尾鳍；香菜洗净，切碎。

鲈鱼按炸篮大小切段，加入盐、姜粉、白胡椒粉和料酒，反复揉搓鱼身两侧，盖保鲜膜密封，腌制2小时。

取一个碗，加入自制烧烤酱、蚝油、黑胡椒粉、孜然粉、生抽、熟白芝麻，搅拌均匀备用。

炸篮中放入油纸盘，喷一层油，平铺放入鱼，在鱼身和鱼腹内刷上一半调料，再喷一层油，放入空气炸锅，180摄氏度烤制15分钟。

取出炸篮，用铲子辅助将鱼翻面，在鱼身和鱼腹刷剩余调料，继续烤制15分钟至鱼身金黄即可出锅，撒上香菜碎。

小贴士

- 海鲈鱼肉质较厚，腌制时间要尽可能长一些，这样更利于入味。
- 如果鱼过大，可按炸篮大小分割成几块再烤制。

131

烤三文鱼时蔬

扫一扫 跟着做

烤制温度	烤制时间	烤易度
180 摄氏度	20 分钟	★ 1颗星

材料准备

三文鱼排	200克
胡萝卜	85克
西蓝花	85克
抱子甘蓝	6个
小番茄	4个
柠檬	1/2个
蒜	2瓣
盐	1茶匙
黑胡椒粉	1/2茶匙
姜粉	1/2茶匙

制作方法

将三文鱼排洗净，用厨房纸擦干水，放进保鲜盒，加盐、黑胡椒粉、姜粉两面抹匀，腌制3小时（或放冰箱过夜）。

将所有蔬菜洗净；胡萝卜、西蓝花切成适口的小块，抱子甘蓝、小番茄对半切开，蒜切片备用。

炸篮内放油纸盘，喷一层油，放入胡萝卜、抱子甘蓝，撒盐、黑胡椒粉翻拌均匀后拨到油纸盘四周，中间放上腌制好的三文鱼排。

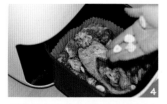

鱼排放入空气炸锅，180摄氏度烤制10分钟，取出炸篮将鱼排翻面，再放入西蓝花和小番茄，放入蒜片，撒上盐和黑胡椒粉。

继续烤制10分钟，至鱼身表面微焦即可出锅装盘，在鱼身上滴几滴新鲜的柠檬汁。

小贴士

○用于搭配的蔬菜可根据喜好或季节变换，但最好不要选择含水量太高的。

○腌鱼的时间一定不要少于3小时，否则鱼难以入味。

烤制温度 180 摄氏度
烤制时间 17 分钟
难易度 ★★ 2颗星

香烤巴沙鱼

扫一扫 跟着做

材料准备

- 巴沙鱼片 250克
- 姜丝 5克
- 料酒 1汤匙
- 生抽 1茶匙
- 花椒 1/2茶匙
- 老抽 1/2茶匙
- 自制香辣烧烤料 1茶匙

制作方法

巴沙鱼片洗净，用厨房纸吸干水分，用刀沿鱼肉的纹理斜切小片。

切好的鱼片放入盆中，加入姜丝、花椒、料酒、生抽、老抽、自制香辣烧烤料。

用手将调料均匀地轻抹在鱼片上，腌制30分钟，中途翻面。

炸篮内放入油纸盘，喷一层油，平铺码上腌好的鱼片，再喷一层油。

鱼片放入空气炸锅，180摄氏度烤制10分钟，取出炸篮给鱼片翻面，继续烤制7分钟至鱼片干爽即可出锅装盘。

小贴士

- 烤制过程中如果鱼片出水过多，需要倒出汤汁继续烤，这样可以减轻成品的腥味。
- 鱼肉切割的厚度略有不同，烤制时可视情况适当调整烤制时间。

133

能量满满的
可口主食

五香烤馒头片

扫一扫 跟着做

烤制温度
180
摄氏度

烤制时间
17
分钟

难易度
★
1颗星

🥄 材料准备

● 白馒头	1个
● 鸡蛋	1个
● 盐	1/2茶匙
● 五香粉	1/2茶匙
● 孜然粉	1/2茶匙
● 熟黑芝麻	1茶匙
● 熟白芝麻	1茶匙

✂ 制作方法

将白馒头切成约1厘米厚的片；碗中打入鸡蛋，加入盐和水，搅打均匀。

炸篮内放入油纸盘，喷一层油，馒头片两面裹上蛋液后码好。

馒头片表面撒上五香粉、孜然粉、熟黑芝麻、熟白芝麻，喷一层油。

馒头片放入空气炸锅，180摄氏度烤7分钟，取出翻面，继续烤7分钟。

取出炸篮并再次给馒头片翻面，烤3分钟至馒头片色泽金黄即可出锅装盘。

小贴士

◎馒头片裹好蛋液后要及时入锅开炸，不可在蛋液中浸泡过久，防止馒头将蛋液完全吸收而变软。

◎在烤制过程中，馒头片需要定时翻面，以保证均匀受热。

烤制温度 **180** 摄氏度

烤制时间 **6** 分钟

难易度 **★** 1颗星

海苔饭团

🍳 材料准备

● 米饭	250克
● 炸拌海苔	30克
● 火腿肠	20克
● 番茄酱	1汤匙
● 苹果醋	1汤匙
● 生抽	1茶匙
● 蚝油	1茶匙

扫一扫 跟着做

🍴 制作方法

1

碗中加入米饭,加入苹果醋,米饭搅拌成无结团状态;火腿肠切粒。

2

碗中加入炸拌海苔和火腿粒,用同样的手法翻拌均匀。

3

饭团模具里刷一层油,放入适量拌好的米饭,压紧,去掉盖子,压出饭团。

4

将生抽、蚝油、番茄酱放入碗中,翻拌均匀成料汁。

5

炸篮内放入油纸盘,排入所有压好的饭团,在表面轻刷一层料汁,放入空气炸锅,180摄氏度烤制6分钟即出锅装盘。

小贴士

○ 切火腿时要尽量切得细些,否则颗粒太大,混合在米饭中不利于米饭成形。

○ 如果没有模具,可用保鲜膜将拌好的米饭包起来用力挤压成圆形。

137

炸手工汤圆

 烤制温度 180 摄氏度

 烤制时间 6 分钟

 难易度 ★★★ 3颗星

吃腻了煮汤圆，不妨用空气炸锅试试炸汤圆，咬破酥脆的表皮，芝麻的浓香一下子进入口腔，让人意犹未尽。

🥄 材料准备

- 熟黑芝麻　　40克
- 白砂糖　　　20克
- 猪油　　　　20克
- 糯米粉　　　100克
- 面包糠　　　50克
- 蜂蜜　　　　1汤匙

✂ 制作方法

将熟黑芝麻打成粉，放入碗中，加入白砂糖翻拌均匀。

熟黑芝麻粉中加入猪油、蜂蜜，翻拌均匀，按压成团，分成8份，滚圆后放入冰箱冻硬成馅料。

糯米粉加水，和成不太黏手的粉团。

取大约1/10量的一块粉团（其余粉团盖上保鲜膜），压扁后放入开水锅中煮至漂浮，再将煮好的粉团与原来的生粉团混合，揉成团。

案板上撒干粉，将揉好的粉团均匀分成8份，取一份压扁，放一颗冻硬的馅料，用手的虎口来收口滚圆，并在表面蘸少量糯米粉防粘，放入保鲜盒，全部包好后再放入冰箱冷冻。

烧一锅开水，将冷冻好的汤圆直接放入，煮约5分钟后捞出，裹上一层面包糠。

炸篮内放入油纸盘，喷一层油。将煮好的汤圆平铺放入炸篮，在汤圆表面喷一层油。

汤圆放入空气炸锅，180摄氏度烤4分钟，取出炸篮将汤圆翻面，继续烤制2分钟，至汤圆鼓起、表面微黄即可出锅装盘。

小贴士

- 煮生粉团这一步骤是为了防止包好的汤圆开裂，请不要省略此步骤。
- 烤制时需要勤观察，汤圆鼓起时就要注意翻面并及时取出，以防热气将汤圆顶破。

139

奶香小油条

扫一扫 跟着做

烤制温度	烤制时间	难易度
160、180 摄氏度	15 分钟	★★ 2颗星

材料准备

- 面粉　　　　　250克
- 牛奶　　　　130毫升
- 鸡蛋　　　　　　1个
- 酵母粉　　　　　4克
- 植物油　　　　1茶匙
- 盐　　　　　1/2茶匙
- 小苏打粉　　　1/5茶匙

小贴士

◎牛奶和鸡蛋最好用常温的，更有利于面团发酵。

◎刷油、喷油的步骤一定不能省略，油少会使油条口感干硬。

制作方法

鸡蛋打入装有牛奶的杯中，翻拌均匀；面粉倒入碗中，依次加盐、酵母粉、小苏打粉混合均匀，将蛋奶液少量多次加入，边加边揉成团。

碗中加入植物油，将油充分揉进面团至表面光滑，盖上保鲜膜密封，放在温暖处发酵至2倍大。

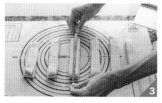

案板上撒干粉，取出面团揉光滑，擀成长方形面片，切成两指宽的条状，两片相叠，用抹油的筷子在面片中间压紧。

炸篮内放入油纸盘，喷一层油，压好的面片两头捏紧放入，再喷一层油，并用刷子将油涂抹均匀。

面片盖上保鲜膜密封，不开火，静置醒发20分钟后去掉保鲜膜。

160摄氏度烤制10分钟，取出翻面，喷一层油，180摄氏度继续烤制5分钟至油条金黄即可出锅装盘。

烤制温度
180
摄氏度

烤制时间
15
分钟

难易度
★★
2颗星

炒米饭

扫一扫 跟着做

🥄 材料准备

⬦ 隔夜米饭	200克
⬦ 鸡蛋	2个
⬦ 胡萝卜	50克
⬦ 黄瓜	50克
⬦ 火腿肠	40克
⬦ 洋葱	40克
⬦ 甜玉米粒	30克
⬦ 盐	1/2茶匙

🍴 制作方法

胡萝卜、洋葱、黄瓜洗净,切粒;火腿肠切粒。

碗中加入隔夜米饭,打入鸡蛋,加入盐,用饭铲轻轻翻拌,让米饭均匀地裹上蛋液。

炸篮内放入油纸盘,喷一层油,平铺放入洋葱粒和胡萝卜粒,180摄氏度烤制5分钟。

取出炸篮,平铺放入拌好的米饭,翻拌均匀,喷一层油,180摄氏度烤制5分钟。

取出炸篮,拌散米饭,加入甜玉米粒、火腿粒、黄瓜粒,翻拌均匀后继续烤制5分钟,出锅后翻拌均匀装碗即可。

小贴士

◎用隔夜饭才能炒出粒粒分明的炒饭。注意给米饭裹蛋液时不要用力按压,要用切拌的手法,否则米饭会结块,口感变硬。

烤包子

烤制温度
180
摄氏度

烤制时间
20
分钟

难易度
★ ★ ★
3颗星

扫一扫 跟着做

🥄 材料准备

● 羊肉	300克		● 盐	1/2茶匙
● 洋葱	1/2个		● 熟黑芝麻	1/2茶匙
● 面粉	200克		● 黑胡椒粉	1/2茶匙
● 鸡蛋	1个		● 孜然粉	1/2茶匙
● 熔化黄油	5克			
● 橄榄油	1汤匙			

小贴士

◎如果喜欢重一点的洋葱味，可以在肉馅中加入1个或2个洋葱。

◎包包子的时候一定要配合抹水（或抹蛋白液），这样可以包得更结实。

✂ 制作方法

羊肉处理干净，剁成肉馅，加入盐、黑胡椒粉、孜然粉，抓拌均匀，再加入橄榄油翻拌均匀，盖上保鲜膜密封腌制1小时。

鸡蛋打入杯中，加入55毫升水搅拌均匀，加入盐翻拌均匀备用。

将蛋液（不要用完）少量多次地倒入面粉中，搅拌至面粉成絮状，揉成光滑的面团，盖上保鲜膜密封静置1小时，中途可以再揉1次。

洋葱洗净，切碎，放入腌制好的肉馅中，抓拌均匀。

取出面团，分成8份，取一份压扁，用擀面杖擀成椭圆状的面饼，并将边缘压薄。

肉馅分成8份，取一份肉馅，放在擀好的面皮上，面皮四周蘸水，先将长端叠起，再将短端叠起收口。

炸篮内放入油纸盘，抹一层熔化黄油，逐一放入包好的包子。

包子表面刷上一层蛋液，撒上熟黑芝麻，放入空气炸锅，180摄氏度烤制10分钟。

取出炸篮，将包子翻面，继续烤制10分钟，取出观察，烤至色泽金黄即可出锅，否则继续烤制2分钟。

意式番茄肉酱焗饭

扫一扫 跟着做

烤制温度	烤制时间	难易度
180 摄氏度	10 分钟	★★ 2颗星

材料准备

米饭	150克
牛肉末	150克
什锦菜（胡萝卜粒、豌豆粒、玉米粒）	80克
洋葱	1/4个
番茄	1个
马苏里拉芝士	100克
黄油	30克
番茄酱	2汤匙
料酒	1茶匙
盐	1茶匙
姜粉	1/2茶匙
黑胡椒粉	1/2茶匙
百里香	适量
欧芹碎	适量

制作方法

碗中加入牛肉末，加入料酒、姜粉、一半的盐、黑胡椒粉翻拌均匀，腌制20分钟。

洋葱洗净，切丁；番茄洗净，去皮切丁；锅里放入25克黄油，熔化后加入洋葱丁炒香，再加入番茄丁、盐，小火炒出汤汁。

锅中加入腌好的牛肉末、什锦菜、番茄酱，翻炒到肉末变白，关火后加入百里香和欧芹碎翻拌均匀。

准备两个烤碗，用剩余的黄油在碗里擦一遍，铺入米饭，把炒好的肉酱平铺在米饭上。

在肉酱表面撒上马苏里拉芝士，烤碗放入炸篮，放入空气炸锅，180摄氏度烤制10分钟，至芝士熔化呈金色即可。

小贴士

◦ 按照本配方的分量可做2份450毫升烤碗焗饭。

◦ 如果没有百里香和欧芹，可用意大利风味综合香料代替。

烤制温度 **160** 摄氏度

烤制时间 **35** 分钟

难易度 ★★★ 3颗星

藜麦红枣糕

扫一扫 跟着做

🧴 材料准备

⬦ 面粉	200克
⬦ 红糖	60克
⬦ 去核红枣	30克
⬦ 藜麦	30克
⬦ 酵母粉	3克

🍴 制作方法

碗中加入藜麦,加水没过藜麦,浸泡30分钟;藜麦沥干水分,倒入锅中,加入红糖和180毫升水,煮开至糖溶化,凉凉备用。

面粉倒入盆中,加入酵母粉翻拌均匀,缓慢倒入藜麦红糖水,边倒边搅拌至看不到干粉的面糊。

面糊盖好保鲜膜密封,放在温暖的地方发酵至2倍大时搅拌排气,搅拌均匀后倒入6寸蛋糕模具,震出气泡,盖保鲜膜密封,再次发酵。

等面团发酵至八分满时,表面撒上去核红枣,放入空气炸锅,160摄氏度烤制10分钟,取出炸篮,盖上一层锡纸并用重物压住。

继续烤制25分钟即可出锅,凉凉后将枣糕脱模切块即可。

小贴士

◎如果没有蛋糕模具,可用纸杯或其他与炸锅容量匹配的容器代替。

◎烤制的后半程一定要盖好锡纸并压住,防止出现蛋糕表面已经成熟,但内芯还不熟的情况。

什锦火腿比萨

烤制温度
180
摄氏度

烤制时间
30
分钟

难易度
★★★
3颗星

扫一扫 跟着做

要想比萨的饼胚焦黄香脆，烤的时间可以稍微延长，搭配的蔬菜可以根据自己的口味随意替换。

146

🥄 材料准备

● 面粉	110克	● 番茄丁	150克	● 什锦菜	20克
● 橄榄油	1汤匙	● 洋葱块	100克	● 菠萝粒	20克
● 白砂糖	5克	● 番茄酱	2汤匙	● 盐	1茶匙
● 酵母粉	2克	● 马苏里拉芝士	60克	● 迷迭香	适量
● 黄油	20克	● 火腿片	30克	● 欧芹碎	适量

🍴 制作方法

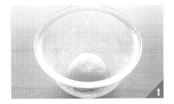

面粉中加入盐、白砂糖、酵母粉、橄榄油，边加水边搅拌至面絮状后揉成光滑面团，盖上保鲜膜密封放在温暖处发酵。

炒锅中加黄油，小火加热至熔化，加入洋葱块，炒至微黄出香味，再加入番茄丁、盐，小火翻炒至汤汁收尽成酱状。

加入番茄酱炒匀后关火，再加入迷迭香和欧芹碎翻拌均匀。

面团发至原先的2倍大，放在撒干粉的案板上，按压排气，揉成光滑面团，用擀面杖擀成与炸篮大小相当的圆饼。

取一张油纸盘，用黄油涂抹油纸盘，放入面饼，整理出稍厚的边缘，用叉子在饼底扎一些小孔，将炒制的酱料均匀地抹在饼上。

饼上撒一层马苏里拉芝士，平铺上火腿片、什锦菜、菠萝粒，用马苏里拉芝士均匀覆盖表层。

面饼放入空气炸锅，180摄氏度烤制5分钟，取出盖锡纸，并用重物压住，防止芝士上色过重，继续烤制25分钟。

取出炸篮观察，芝士金黄即可出锅，如果还没有上色，就去掉锡纸继续烤2~3分钟，至芝士表面金黄即可。

小贴士

◎什锦菜由胡萝卜粒、豌豆粒、玉米粒组成，可按个人喜好自由搭配。

◎要确保所有食材新鲜，芝士、火腿等易变质食材取用时要注意检查生产日期，蔬菜要洗净并沥干水分。

千层牛肉馅饼

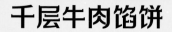

烤制温度 180 摄氏度
烤制时间 20 分钟
难易度 ★★★ 3颗星

扫一扫 跟着做

外皮薄而香酥，牛肉馅鲜嫩多汁，多做一些，早上起来复烤一下，就能快速带走出门。

材料准备

● 牛肉馅	300克	● 姜粉	1/2茶匙
● 面粉	200克	● 五香粉	1/2茶匙
● 酵母粉	3克	● 白胡椒粉	1/2茶匙
● 香油	1汤匙	● 孜然粉	1/2茶匙
● 生抽	2汤匙	● 葱花	适量
● 盐	1/2茶匙		

制作方法

面粉中加入酵母粉，少量多次加入120毫升温水，边加边搅拌，最后和成光滑面团，盖上保鲜膜密封放在温暖处静置30分钟。

牛肉馅中加入五香粉、白胡椒粉、孜然粉、生抽、盐、姜粉搅拌均匀，最后加入香油翻拌均匀，腌制30分钟。

取面团放在案板上，撒干粉，滚圆后分成4份，取一份面团滚圆压扁，用擀面杖擀成直径20厘米左右的圆形面皮。

面皮翻面，放1/4牛肉馅料抹平，撒葱花。

以面皮中心为顶点，任意切一刀，在切口处将面皮卷起来，卷成锥形圆筒状。

将圆筒立起来，将顶部面皮向下向内按压，轻轻压平后自然形成饼状。

依次做完所有饼后，在饼身上抹一层油，抹油的一面朝下放入炸篮，向上的一面再抹一层油。

面饼放入空气炸锅，180摄氏度烤10分钟，取出翻面、抹油后，继续烤制10分钟，至面饼表面金黄即可出锅装盘。

小贴士

◎这道饼是以半发面制作，和好面就可以立即处理肉馅，这样面醒好后肉馅也腌制好了。

◎面饼出锅后如果不立即食用，要用布盖好，防止饼皮变干。

煲仔饭

烤制温度
180
摄氏度

烤制时间
60
分钟

难易度
★
1颗星

扫一扫 跟着做

不想做米饭和炒菜,一碗煲仔饭轻
松解决,有饭、有菜、有肉还有蛋,
制作简单,营养均衡。

🍚 材料准备

• 大米	160克	• 生抽	2汤匙
• 青菜	2棵	• 蚝油	1茶匙
• 姜	1块	• 白砂糖	1茶匙
• 广式腊肠	3根	• 香油	1茶匙
• 鸡蛋	1个		

🍴 制作方法

大米洗净，加水浸泡20分钟。

广式腊肠切片；姜切丝；青菜洗净，放入加盐的开水中焯烫，变软后捞出备用。

炸篮底部加水，取一个与炸篮容量匹配的耐热容器放在烤网上，容器内圈和底部喷一层油。空气炸锅200摄氏度预热5分钟。

取出炸篮，将水和米一起倒入容器里，盖好盖子，放入空气炸锅，180摄氏度烤制35分钟，至米饭将熟。

烤制期间，取一个小碗，加入生抽、蚝油、白砂糖、香油和15毫升水，调成料汁备用。

取出炸篮，将熟的米饭上放腊肠，铺姜丝，继续烤制10分钟。

取出炸篮，打入鸡蛋，继续烤制10分钟。

烤至鸡蛋表面凝固后加入青菜，淋上料汁，继续烤制5分钟后关火闷5分钟即可出锅。

小贴士

◦ 米与水比例以1:1.5为佳。

◦ 需要使用与炸锅容量匹配的耐热容器，若没有盖子，可用锡纸代替。

香酥葱油饼

烤制温度	烤制时间	难易度
180 摄氏度	27 分钟	★★★ 3颗星

扫一扫 跟着做

小贴士

○本菜谱需要用很软的面团来制作，操作时动作要轻，略撒点干粉或手上抹油操作就不会太粘手，但不要加很多面粉，否则会影响成品外酥内软的口感。

○烤制时要勤翻面，否则成品口感会很硬。

○出锅后将饼在案板上摔打几次，这有利于饼内部起层松软，让饼的层次更分明。

🍳 材料准备

- 面粉　　　　200克
- 葱花　　　　40克
- 盐　　　　　1茶匙

🍴 制作方法

面粉倒入盆中，加入120毫升开水，一边加一边用筷子拨散面团。

烫过的面团拨到盆的一边，往盆内剩余面粉处倒入45毫升常温水，一边加一边拌面团，直至和成一个无干粉、较湿润的面团。

面团盖上保鲜膜密封，静置1小时；案板上撒干粉，取出面团，表面也撒适量干粉，轻轻地滚圆面团。

用擀面杖将面团擀成薄的大面片（中途一定要注意向饼的两面及时撒干粉防粘）。

面片上倒油抹匀，撒上盐抹匀，再撒上葱花抹匀。

从面片的一端卷起来，再呈螺旋状盘起来，收尾处放在饼下方，轻轻按压成与炸篮大小匹配的饼状。

取一个油纸盘，喷一层油，放入饼坯并喷油，送入炸篮，不开火，静置15分钟后180摄氏度烤制12分钟。

取出面饼翻面，继续烤制12分钟，观察上色情况，如果已经烤至色泽金黄即可翻面，否则继续烤制3分钟。

翻面后继续烤制3分钟，及时观察上色情况，面饼金黄即可取出，切开摆盘。

软糯紫薯馅饼

烤制温度
160
摄氏度

烤制时间
13
分钟

难易度
★★
2颗星

扫一扫 跟着做

酥脆的皮包着软糯的紫薯，咬下一口，甜香夹杂着小麦味，真是越嚼越香。

🍳 材料准备

- 紫薯　　1个（约120克）
- 面粉　　　　　　　100克
- 牛奶　　　　　　　1汤匙
- 白砂糖　　　　　　1汤匙

🍴 制作方法

面粉放入盆中，少量多次加入65毫升、75摄氏度左右的热水，边加边用筷子搅拌，使面粉呈絮状。

用手将面捏合成无干粉、有点粘手的面团，盖保鲜膜密封静置30分钟。

手上蘸水，将面团拉起在盆中反复摔打3分钟，收圆后盖上保鲜膜密封静置30分钟。

紫薯蒸熟，去皮后用叉子压成泥，加入白砂糖和牛奶，边压边搅拌成软糯的紫薯馅料。

案板上撒适量干粉，将面团取出，不必揉面，略整理成条状，分成3份。

取一份面团，收成圆形，收口朝下，擀成中间略厚边缘较薄的面皮。

面皮翻面，放入1/3紫薯馅，像包包子一样将面皮收口，将收口压平。

轻轻按压面皮两面成小饼，依次做完其他小饼，放入炸篮。

向小饼表面喷一层水，放入空气炸锅，160摄氏度烤制13分钟至小饼两面有金黄焦斑即可出锅，放在烤网上凉凉。

低脂紫薯饼

扫一扫 跟着做

烤制温度 **180** 摄氏度

烤制时间 **18** 分钟

难易度 ★ 1颗星

材料准备

紫薯	300克
鸡蛋	1个
燕麦麸皮	120克
牛奶	3汤匙
蜂蜜	2汤匙
熟白芝麻	1茶匙

制作方法

1

紫薯洗净去皮,蒸至软烂,放入盆中,趁热碾压成泥。

2

盆中加入鸡蛋和牛奶,搅拌均匀至无颗粒状态。

3

盆中加入蜂蜜翻拌均匀,再加入燕麦麸皮翻拌均匀,抓一块紫薯泥,团成球状,再按压成饼。

4

炸篮内放入油纸盘,平铺放入紫薯饼,在每个小饼上撒上熟白芝麻,轻轻压入紫薯饼当点缀。

5

紫薯饼放入空气炸锅,180摄氏度烤制15分钟,取出翻面,继续烤制3分钟取出放在烤网上凉凉即可。

小贴士

◇燕麦麸皮是健康又饱腹的食材,网上商店或超市都可购买,不建议用其他粉类代替。

◇尽量把紫薯饼压薄,这样烤制出来的饼口感更酥。

烤制温度	烤制时间	难易度
180 摄氏度	15 分钟	★ 1 颗星

🥄 材料准备

- 红薯　　　　　430克
- 糯米粉　　　　100克
- 马苏里拉芝士　70克
- 白砂糖　　　　20克
- 熟黑芝麻　　　1茶匙

扫一扫 跟着做

芝士红薯饼

🍴 制作方法

1. 红薯洗净去皮，切块后放入蒸锅，蒸到软烂。

2. 蒸好的红薯块放入碗中，加入白砂糖，碾压成糊状，分次加入糯米粉，揉成不粘手的面团。

3. 粉团均分12份，每份揉圆压扁，包入一份马苏里拉芝士，捏合滚圆成红薯球。

4. 炸篮内放入油纸盘，喷一层油，在红薯球上撒上熟黑芝麻，轻轻压扁，红薯球码入油纸盘，再喷一层油。

5. 红薯球放入空气炸锅，180摄氏度烤制10分钟，取出翻面，继续烤制5分钟，取出略降温后即可装盘。

小贴士

- 不同品种的红薯吸水能力不同，加糯米粉时要少量多次，至不粘手为宜。

红糖枣糕

烤制温度
160
摄氏度

烤制时间
30
分钟

难易度
★★★
3颗星

扫一扫 跟着做

表面铺着满满的白芝麻,掰开后枣
香浓郁,咬一口,唇齿留香,还未细
品,忍不住又是一口。

材料准备

● 去核红枣	75克		● 玉米油	3汤匙
● 低筋面粉	75克		● 泡打粉	1茶匙
● 红糖	50克		● 熟白芝麻	1茶匙
● 牛奶	5汤匙		● 盐	1/3茶匙
● 鸡蛋	3个			

制作方法

取一口小锅，加入去核红枣、牛奶和红糖，开小火慢煮。

边煮边将红枣压碎，边压边炒，直至看不到大颗粒，至浓稠软烂即可关火凉凉。

将炒好的枣泥放入碗中，打入鸡蛋，用打蛋器低速搅匀，再高速打发，直至蛋液纹路清晰、不轻易消失。

将低筋面粉、泡打粉和盐过筛后加入打发完的蛋液中，从底部捞起轻轻翻拌，直至看不到干粉。

碗中加入玉米油，用同样的手法翻拌均匀。

在方形蛋糕模具中铺好油纸，将面糊倒进模具里，震出气泡，放入炸篮，表面撒上一层熟白芝麻。

放入空气炸锅，160摄氏度烤15分钟，取出炸篮给蛋糕盖上锡纸，并用重物压住。

继续烤制15分钟，出锅打开油纸，将枣糕放在烤网上凉凉，降温后按个人喜好切块即可。

小贴士

○炒枣泥要用最小火，且要一边压一边炒，防止煳锅。

○翻拌面糊的时候动作要轻，每翻一下注意将碗换个方向，不宜用力划圈。

香蕉芝士饼

香蕉芝士和饼的融合，将各自的滋味发挥到极致，还可以加点坚果碎，口感更丰富。

材料准备

- 面粉　　　　　160克
- 牛奶　　　　180毫升
- 香蕉　　　　　　1根
- 白砂糖　　　　　20克
- 黄油　　　　　　20克
- 马苏里拉芝士　　50克

制作方法

黄油隔水熔化成液态，凉凉备用。

碗中放入面粉，加入牛奶、白砂糖和大部分黄油，先拌成絮状，然后揉成团，盖上保鲜膜密封，静置20分钟。

香蕉剥皮压成泥状备用。

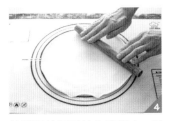

静置后的面团放在案板上，轻揉至光滑，用擀面杖擀成直径约25厘米的饼，并压薄边缘。

饼翻面，在饼中间铺一层马苏里拉芝士，放上香蕉泥铺平，再撒上剩余马苏里拉芝士。

提着面皮的四周，饼捏紧收口，翻面后轻轻将饼压平。

炸篮内放入油纸盘，将剩下的黄油刷一层在盘内，将饼放入，在饼身上也刷一层黄油。

面饼放入空气炸锅，180摄氏度烤制15分钟至表面金黄，取出翻面，继续烤制15分钟至面饼表面金黄即可出锅，放在烤网上凉凉后切块食用。

小贴士

- 熟透的香蕉甜度相对较高，加入饼中成品口感更好。
- 饼皮尽量擀得大一些，这样包的时候会相对容易，包饼的时候要注意将封口收紧，防止露馅。

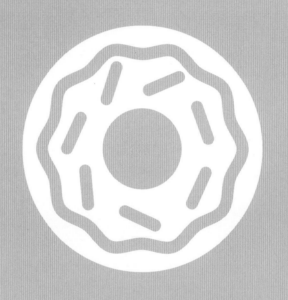

孩子爱吃的
西式点心

蔓越莓葡萄司康

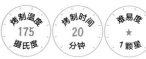
扫一扫 跟着做

烤制温度	烤制时间	难易度
175摄氏度	20分钟	★ 1颗星

材料准备

- 面粉   160克
- 鸡蛋   2个
- 黄油   40克
- 白砂糖   35克
- 蔓越莓干   30克
- 葡萄干   30克
- 牛奶   50毫升
- 泡打粉   1茶匙

制作方法

面粉放入碗中，加入软化的黄油，用手搓至看不到黄油的粉粒状；一个鸡蛋打成蛋液备用。

碗中打入另一个鸡蛋，加牛奶、白砂糖、泡打粉，用刮刀翻拌均匀到无干粉，再加蔓越莓干和葡萄干，翻拌均匀。

将面团转移到油纸盘上，表面再盖一张油纸，用擀面杖擀成厚面饼，放入冰箱冷冻30分钟，将面团冻硬。

揭掉上层油纸，冻好的面饼切成6份，放入炸篮，面饼表面刷一层蛋液，放入空气炸锅，175摄氏度烤制15分钟至面饼表面金黄。

取出炸篮，轻轻地给面饼翻面，再刷一层蛋液，继续烤制5分钟，至面饼表面金黄即可出锅装盘。

小贴士

○黄油、鸡蛋、牛奶都要用常温的。果干可只用一种，也可换成其他口味的。

○搓粉要搓出抓起一把面粉能成团，一按就散开的状态。

烤制温度	烤制时间	烂易度
160摄氏度	35分钟	★ 1颗星

胡萝卜蛋糕

扫一扫 跟着做

🍳 材料准备

- 面粉　　　　150克
- 胡萝卜　　　100克
- 核桃仁　　　60克
- 玉米油　　　80克
- 红糖　　　　80克
- 鸡蛋　　　　1个
- 香草精　　　1茶匙
- 泡打粉　　　1茶匙
- 小苏打粉　　1/2茶匙
- 盐　　　　　1/3茶匙

🍴 制作方法

1 胡萝卜洗净，去皮，用擦板擦成细丝；核桃仁切碎粒；红糖如果结块，也要切细碎。

2 将玉米油、鸡蛋、红糖、香草精混合放入碗中，搅打5分钟，充分翻拌均匀，将所有粉类和盐过筛到糖油溶液里，轻轻翻拌均匀。

3 碗中加入胡萝卜丝，翻拌均匀后再加入核桃仁碎，拌成较为浓稠的面糊。

4 蛋糕模具上刷一层油，将面糊倒入抹平，在桌上震几下，震出气泡，防止面糊中有大气泡，然后放入空气炸锅。

5 160摄氏度烤35分钟，烤好后取出，稍放凉即可将蛋糕体从模具中脱出，彻底凉凉后用锯齿刀小心切片。

小贴士

○ 制作面糊时，要用气味不明显的油，例如玉米油或葵花籽油。

○ 适量加入香草精可以增加蛋糕的风味，如果没有可省略。

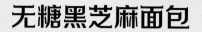

无糖黑芝麻面包

烤制温度
180
摄氏度

烤制时间
25
分钟

难易度
★
1颗星

扫一扫 跟着做

🥄 材料准备

- 高筋面粉　　　200克
- 全麦粉　　　　50克
- 鸡蛋　　　　　1个
- 牛奶　　　　　50毫升
- 熟黑芝麻　　　20克

- 去核红枣　　　30克
- 酵母粉　　　　3克
- 盐　　　　　　1茶匙

小贴士

- 每种面粉的吸水情况不同，水的使用比例可视情况灵活调整。
- 盖锡纸后一定要在表面用耐热重物（如洗干净的石块等）压住，防止气流将锡纸吸起来。

✂ 制作方法

碗中加入75毫升水，打入鸡蛋翻拌均匀，再加入牛奶、盐、酵母粉翻拌均匀，加入高筋面粉和全麦粉，拌至无干粉状态，盖上保鲜膜密封，静置15分钟。

手上蘸水，提起面团的一个角，向中间聚拢，换方向，重复此动作5次或6次，再盖保鲜膜密封，静置面团15分钟。

重复前一步的动作，至面团可以拉出比较光滑的表面，盖上保鲜膜密封，放在温暖处发酵至2倍大。

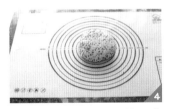

案板上撒适量干粉和熟黑芝麻，将发酵好的面团取出，揉搓排气，并将熟黑芝麻全部揉入面团。

面团分为2份，擀成椭圆形，翻面，底边压薄，放入一半红枣压紧，从一头卷起，底边向下摆放。

两个面团都做好后，间隔放入铺好油纸盘的炸篮，撒干粉，盖上保鲜膜密封，送入炸锅，不开火静置发酵20分钟。

拿掉保鲜膜，在面团表面轻撒一层干粉，再用锋利的刀划几刀。

面团放入空气炸锅，180摄氏度烤25分钟，10分钟时取出，在面团表面盖上锡纸，并用重物压住，防止上色过重。

烤制完成后，取出面包，放在烤网上凉凉即可。

嫩滑蛋挞

扫一扫 跟着做

烤制温度	190 摄氏度
烤制时间	18 分钟
难易度	★ 1 颗星

材料准备

- 蛋挞皮　　　　6个
- 牛奶　　　　　70克
- 白砂糖　　　　20克
- 鸡蛋　　　　　1个
- 淡奶油　　　　60克

制作方法

1

蛋挞皮提前解冻备用。

2

碗中加入白砂糖，打入鸡蛋，用打蛋器将鸡蛋液打至细密的小泡，加入牛奶搅拌均匀，再加入淡奶油搅拌均匀。

3

将打好的牛奶蛋液过筛到一个带嘴的容器里。

4

将解冻后的蛋挞皮放入炸篮，缓慢均匀地倒入蛋挞液。

5

蛋挞放入空气炸锅，190摄氏度烤制18分钟，烤至蛋挞表面有明显的大块焦斑即可出锅。

小贴士

○ 制作蛋挞液时，每加一种原料都需要充分搅拌均匀再下一种，不要一次性全部加入，否则可能会结块、分层，影响成品口感。

烤制温度
180
摄氏度

烤制时间
3~5
分钟

难易度
★★
2颗星

黄油蒜蓉烤面包

扫一扫 跟着做

材料准备

- 面包   2片
- 黄油   30克
- 蒜   4瓣
- 盐   1/2茶匙
- 黑胡椒粉   1/2茶匙
- 欧芹碎   适量

制作方法

蒜切末备用；奶锅中放入黄油，小火加热熔化，放入蒜末，炸出香味后立即关火，加入盐翻拌均匀，制成蒜油备用。

面包片切掉四周的硬边，每片分3份。

炸篮内放入油纸盘，刷一层蒜油，放入面包片，表面均匀地刷上剩余蒜油。

将炸好的蒜铺在面包片上，再撒一点黑胡椒粉，撒上欧芹碎。

面包片放入空气炸锅，180摄氏度烤制3~5分钟至面包表面金黄，即可出锅装盘。

小贴士

◇炸蒜时要保持小火，闻到蒜香就得马上离火，炸太久会使炸蒜变苦。

◇如果没有欧芹碎，可用葱花代替，味道也很好。

全麦果仁欧包

扫一扫 跟着做

核桃仁、葡萄干分布在一个个
蜂窝状的小孔中，每咬一口都
有不一样的惊喜。

🥄 材料准备

● 全麦粉	250克		● 白砂糖	10克
● 鸡蛋	1个		● 酵母粉	3克
● 核桃仁	30克		● 盐	1/2茶匙
● 葡萄干	30克			

🍴 制作方法

175毫升水中加入鸡蛋、盐搅拌均匀，加入一半酵母粉搅拌均匀；核桃仁用擀面杖压碎；另一半酵母粉加水调成酵母水。

全麦粉里加入白砂糖，翻拌均匀，加入酵母水，用刮刀翻拌到无干粉状态，盖上保鲜膜密封，静置15分钟。

手上蘸水，把面团从不同方向往中间聚拢，揉成表面略光滑的面团，盖上保鲜膜密封，静置15分钟。

重复步骤③的操作，揉成一个光滑面团，盖上保鲜膜密封，放在温暖的地方，发酵至1.5倍大。

案板上撒干粉、核桃仁和葡萄干，手上蘸水，把发酵好的面团移到案板上。

按压排气并把面团往中间聚拢，使全部果仁都包裹进面团，揉出表面略光滑的球形面团。

取一张油纸盘，放入面团，撒一点干粉，放入空气炸锅，不用开火，静置发酵30分钟。

待面团略胀大，在表面筛一层干粉，用锋利的刀割出纹路，放入空气炸锅，180摄氏度烤制30分钟，取出放在烤网上放凉后切片即可。

小贴士

○ 欧包出炉后，一定要冷却至少20分钟才能切片。3天内吃不完的话要放冰箱冷冻保存，吃的时候提前拿出来解冻，空气炸锅烤几分钟即可。

香蕉可可磅蛋糕

扫一扫 跟着做

烤制温度	烤制时间	难易度
170 摄氏度	20 分钟	★★ 2颗星

材料准备

香蕉	1根
低筋面粉	130克
鸡蛋	2个
黄油	50克
白砂糖	40克
泡打粉	6克
可可粉	6克

制作方法

1

香蕉去皮、切薄片，留一些备用，其余放入碗中，碾压成泥。

2

碗中打入鸡蛋，打散后加入白砂糖，翻拌均匀；将低筋面粉、泡打粉、可可粉混合过筛到碗中溶液里，轻轻翻拌至无干粉状态。

3

将黄油熔化成液体，在模具里刷一层黄油；将剩余的黄油倒入面糊中，翻拌均匀成蛋糕糊。

4

空气炸锅180摄氏度预热5分钟；将面糊倒入模具中，震出气泡，表面点缀预留的香蕉片。

5

将模具放入炸篮，170摄氏度烤制20分钟，取出倒扣脱模即可装盘。

小贴士

- 要选择个头较大并熟透的香蕉，它香气醇厚，更容易碾压。
- 冰箱中取出的鸡蛋要回温后再使用。

烤制温度 170 摄氏度 | 烤制时间 12 分钟 | 难易度 ★★ 2颗星

黑芝麻曲奇

扫一扫 跟着做

材料准备

● 黄油	50克
● 糖粉	25克
● 低筋面粉	65克
● 黑芝麻粉	15克
● 玉米淀粉	8克
● 鸡蛋液	20克

制作方法

1 将黄油软化成膏状，加入糖粉，打至黄油和糖粉完全融合，呈现顺滑、颜色变浅的状态。

2 分3次加入鸡蛋液，每次加入打至完全吸收后再加，直至打到黄油呈现轻盈膨胀状态。

3 混合低筋面粉和玉米淀粉，筛入黄油盆中，加入黑芝麻粉，用刮刀翻拌均匀。

4 将挤花嘴安装到裱花袋上，将裱花袋撑开装入面糊，按个人喜好在油纸盘上挤出花型，放入炸篮。

5 曲奇坯放入空气炸锅，170摄氏度烤制12分钟，至边缘略上色，即可取出放在烤网上凉凉。

小贴士

◦ 黄油需要软化至柔软的牙膏状才可以使用。

◦ 鸡蛋液要选用常温鸡蛋搅打，不能直接使用冷藏鸡蛋。

戚风蛋糕

烤制温度
140
摄氏度

烤制时间
50
分钟

难易度
★ ★ ★
3颗星

扫一扫 跟着做

像海绵一样的原味戚风其实可以
变化出超多口味,比如巧克力戚
风、南瓜戚风、红曲戚风等。

材料准备

- 鸡蛋   3个
- 低筋面粉   50克
- 白砂糖   40克
- 牛奶   45毫升
- 玉米油   35克
- 柠檬汁   适量

制作方法

用无水无油的盆，分离鸡蛋的蛋清和蛋黄，蛋清放至冰箱冷藏。

蛋黄中加入玉米油，充分搅打均匀，加入牛奶，搅拌至颜色变浅。

盆中筛入低筋面粉，轻轻翻拌混合至无干粉状态。

蛋清从冰箱里取出，加入几滴柠檬汁，用打蛋器低速打至粗泡，加入1/3白砂糖。

继续打至泡沫细腻，再加1/3白砂糖，再打至有纹路时加剩下的1/3白砂糖，打至蛋白霜呈奶油状，提起时尖角呈弯钩状。

取1/3蛋白霜到蛋黄盆里，搅拌均匀，全部倒回蛋白盆里，轻轻翻拌均匀成蛋糕面糊。

将面糊倒入蛋糕模具里，在桌上震几下，震出气泡，模具表面盖锡纸，放入炸篮。

空气炸锅140摄氏度预热5分钟，烤制40分钟，去掉锡纸，继续烤制10分钟至面糊表面金黄，取出模具倒扣放凉，脱模切块即可。

小贴士

- 模具表面盖锡纸时要将整个模具包住并压住，防止热气将锡纸吸起。
- 将模具送入和取出炸锅时动作要轻，以免蛋糕塌陷。

免揉蛋奶餐包

扫一扫 跟着做

烤制温度
180
摄氏度

烤制时间
25
分钟

难易度
★★
2颗星

阳光明媚的清晨，来份奶香四溢的餐包，搭配果酱和一杯温热的全脂牛奶，开启活力的一天。

🥄 材料准备

● 面粉	250克	● 玉米油	15克
● 牛奶	150毫升	● 鸡蛋液	30克
● 鸡蛋	1个	● 酵母粉	3克
● 熟白芝麻	3克	● 黄油	3克
● 白砂糖	20克	● 盐	1/3茶匙

✂ 制作方法

碗中加入牛奶，打入鸡蛋翻拌均匀，再加入白砂糖和盐继续翻拌均匀。

碗中加入酵母粉，翻拌均匀后加入面粉和玉米油，从底部翻拌均匀至无干粉状态。

面团盖好保鲜膜密封，放在温暖处发酵至2倍大。

案板上撒适量干粉，取出发酵好的面团，表面撒上少量干粉防粘，按压揉匀排气。

面团分为8份，每份都滚圆揉光滑。

取一个油纸盘，用黄油涂一遍，放入空气炸锅，间隔码好面团，不开火，室温发酵20分钟。

在发酵完成的面团表面刷上鸡蛋液，撒上熟白芝麻。

180摄氏度烤制20分钟，取出翻面，再烤5分钟，至两面金黄即可出锅，放在烤网上凉凉。

小贴士

○ 面团湿度较大，在揉面团和滚圆时，手上可蘸适量干粉或抹一些油来防粘，但不建议加太多干面粉，以免影响成品口感。

蜂蜜小面包

烤制温度	烤制时间	难易度
180	13	★★
摄氏度	分钟	2颗星

扫一扫 跟着做

外形小巧、造型简单，很多时候，
保鲜袋中装上几个带出门，就是
一整天的小零食了。

🥄 材料准备

● 高筋面粉	120克		● 蜂蜜	6克
● 牛奶	25毫升		● 酵母粉	3克
● 鸡蛋	1个		● 白砂糖	15克
● 熟黑芝麻	5克		● 盐	1茶
● 黄油	10克			

小贴士

◇ 最好使用面包专用高筋面粉，如果没有这种面粉也可以用多功能麦芯粉代替。

◇ 揉面这个步骤用厨师机或面包机都可以，如果没有这些工具，就要手工揉面，揉出的面团会比较粘手，不过让面团吸水后即可缓解。

✄ 制作方法

搅拌缸中依次加入牛奶、酵母粉，打入鸡蛋，再加入高筋面粉、白砂糖、盐，用厨师机先低速搅拌成团，再高速搅打5分钟。

加入软化的黄油，先低速将黄油揉进面团，再高速搅打5分钟至面团能拉出薄膜。

将面团取出滚圆，放入盆中，盖上保鲜膜密封，放在温暖处发酵至2倍大。

案板上撒干粉，取出发酵好的面团，按压排气并滚圆，分为8份。

取一份面团压扁，擀开成椭圆形，底边压薄，卷起，对半切开，依次切完所有面团。

用黄油在油纸盘里均匀抹一层，撒上熟黑芝麻，放入炸篮，将面团间隔放入。

在面团表面喷一层油，盖保鲜膜密封，放入空气炸锅，静置发酵20分钟至面团略膨胀。

去掉保鲜膜，180摄氏度烤制8分钟，取出翻面，让面团底部朝上，继续烤制5分钟，至表面金黄取出。

蜂蜜加水搅拌，趁热刷在面包表面，面包翻面后再刷一层蜂蜜水，去掉油纸，放在通风的烤网上凉凉即可。

小米杯蛋糕

烤制温度
160
摄氏度

烤制时间
30
分钟

难易度
★ ★
2颗星

扫一扫 跟着做

180

🍳 材料准备

- 鸡蛋　　　　　　4个
- 小米粉　　　　120克
- 牛奶　　　　　　80克
- 椰子油　　　　　15克
- 去核红枣　　　　20克
- 白砂糖　　　　　30克
- 白醋　　　　　　适量

🍴 制作方法

用无油无水的盆，分离鸡蛋的蛋清和蛋黄。

蛋黄中加牛奶，翻拌均匀后加入椰子油，充分搅拌后筛入小米粉，轻轻翻拌至无颗粒、无干粉状态。

蛋清中滴入白醋，用打蛋器低速打至大泡状态，分3次加入白砂糖，打至蛋白霜呈奶油状，提起时尖角呈弯钩状。

取1/3蛋白霜到蛋黄糊盆中，翻拌融合，再将拌好的蛋黄糊全部倒回至蛋白霜盆中。

从底部翻起拌匀，每翻一次把盆转个方向，直至完全看不到蛋白。

将拌好的面糊倒入锡纸杯，震几下震出气泡，放入炸篮，表面撒去核红枣，放入空气炸锅160摄氏度烤制10分钟。

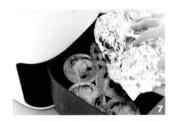

取出炸篮，给蛋糕盖上锡纸，用重物压住，继续烤20分钟。

去掉锡纸，将蛋糕移至烤网上，温度略下降后即可从杯中取出食用。

小贴士

- 翻拌蛋白霜时切忌划圈搅拌，否则会使蛋白霜消泡，烤出的蛋糕不蓬松。

- 按照本食谱给出的配方，可制作6杯125毫升容量烤碗的蛋糕。

黑米贝果

烤制温度
180
摄氏度

烤制时间
20
分钟

难易度
★ ★ ★
3颗星

扫一扫 跟着做

贝果中间的圈可以根据空气炸锅的
大小调整，还可以根据个人喜好在
贝果上面点缀干果等装饰。

182

🥣 材料准备

- 高筋面粉　　　150克
- 黑米粉　　　　50克
- 白砂糖　　　　50克
- 盐　　　　　　1/2茶匙
- 酵母粉　　　　3克

🍴 制作方法

盆中加入酵母粉，倒入125毫升水晃匀（或静置3分钟）后，加入高筋面粉、黑米粉、10克白砂糖、盐，翻拌均匀成面絮状。

将面絮揉成无干粉略光滑面团，盖上保鲜膜密封静置松弛5分钟后继续揉，将面团揉光，盖保鲜膜密封静置松弛15分钟。

面团分为4份，滚圆排出气体，取一份擀成椭圆状，翻面，压薄底边，从顶部卷起，并将底边捏紧，依次卷完所有面团。

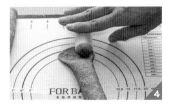

取第一个卷好的面团，搓成长约24厘米的条，将一端压扁，用擀面杖辅助压出勺子状的开口。

拿着另一端面团放在擀好的开口处，用开口的面团包住另一端面团，封口捏合，呈环形。

将贝果面团分别放在油纸上，盖保鲜膜密封静置醒发至变胖、变轻。

锅中加入40克白砂糖和650毫升水，煮开后转成微小火，放入发酵好的贝果面团，两面分别煮20秒。

捞出煮好的贝果面团，放入炸篮，180摄氏度烤制10分钟，翻面，继续烤制10分钟，至两面金黄即可取出放在烤网上凉凉食用。

小贴士

- 给贝果封口时一定要捏紧，防止煮制过程中爆开。

- 煮贝果时可带着油纸一起下锅，稍煮一会儿油纸就会自动脱落。

超软牛奶卷

 烤制温度 170 摄氏度

 烤制时间 15 分钟

 难易度 ★★★ 3颗星

扫一扫 跟着做

超软牛奶卷，软的是内里，外皮则焦脆可口，麦香浓郁，作为早餐和加餐都很不错。

🍳 材料准备

● 高筋面粉	125克	● 酵母粉	3克
● 鸡蛋液	40克	● 熟白芝麻	2克
● 牛奶	60毫升	● 黄油	15克
● 白砂糖	1汤匙	● 盐	1/2茶匙

🍴 制作方法

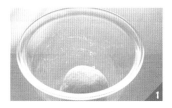

碗中加入除黄油、熟白芝麻外的所有原料（鸡蛋液留一半），用筷子拌成面絮状后揉成光滑面团，盖上保鲜膜密封静置10分钟。

面团中加入黄油，像在案板上洗衣服一样搓揉面团，直至黄油被完全吸收，面团柔软光滑、能拉出透明薄膜后，盖保鲜膜密封，发酵到2倍大。

案板上撒干粉，取出发酵好的面团，轻揉排气，分为6份。

取一份面团揉光，搓成锥形水滴状，光面朝上压扁，用擀面杖擀成牛舌状。

从宽的一头卷起，收口向下摆放，依次处理完所有面团。

炸篮中放入油纸盘，间隔码好卷好的面团，不开火静置发酵15分钟。

取出炸篮，在面团表面刷上一层蛋液，撒上熟白芝麻，放入空气炸锅，170摄氏度烤制10分钟至表面金黄，取出炸篮，将面包翻面。

继续烤制5分钟至两面金黄即可出锅，放在烤网上凉凉即可食用。

小贴士

◦ 揉面时加入黄油后刚开始会比较粘手，此时不要急着加面粉，随着黄油被慢慢吸收，面团会变得柔软光滑。

◦ 烤制过程中如果发现面包卷上色过快，可盖上锡纸防止烤糊。

全麦芝麻贝果

烤制温度
180
摄氏度

烤制时间
20
分钟

难易度
★★
2颗星

扫一扫 跟着做

藏匿在贝果里的黑芝麻和蔓越莓干，让"甜"和"香"完美结合，每一口都有期待。

186

🍳 材料准备

- 高筋全麦粉　　　200克
- 熟黑芝麻　　　　5克
- 蔓越莓干碎　　　20克
- 酵母粉　　　　　3克
- 白砂糖　　　　　2茶匙
- 盐　　　　　　　1/2茶匙

小贴士

- 建议购买做面包专用的高筋全麦粉，如果选择普通全麦粉，则需要在加水时视情况适当调整用量，以不太粘手也不太干为宜。

🍴 制作方法

酵母粉中加入125毫升水，再加入高筋全麦粉、白砂糖、盐翻拌均匀成絮状，揉成光滑面团，盖保鲜膜密封静置5分钟。

面团放在案板上，用力搓揉拉扯，直至面团能拉出薄膜。

将熟黑芝麻和蔓越莓干碎揉进面团里，盖保鲜膜密封，放在温暖的地方发酵20分钟。

取出面团，分为4份，滚圆排出面团内气体，取一份擀成椭圆状，翻面，压薄底边，从顶部卷起，并将底边捏紧，依次卷完所有面团。

取第一个卷好的面团，搓成长约24厘米的条，一端压扁，用擀面杖辅助压出像勺子状的开口。

拿着另一端面团放在擀好的开口处，用开口的面团包住另一端面团，封口捏合，呈环形。

将每一个捏好的贝果面团放在一张小油纸上，盖保鲜膜密封，静置醒发至面团变胖、变轻。

锅中加入白砂糖和650毫升水，煮开后转成微小火，将发酵好的贝果面团放入，两面分别煮20秒，捞出放入炸篮，逐一煮完全部贝果。

贝果放入空气炸锅，180摄氏度烤制10分钟，翻面，继续烤制10分钟，至两面金黄即可取出，放在烤网上凉凉。

胡萝卜面包

烤制温度
180
摄氏度

烤制时间
20
分钟

难易度
★★★
3颗星

扫一扫 跟着做

如果孩子不喜欢吃胡萝卜，不妨试试把它做成胡萝卜面包，混合黄油和黑芝麻的香，孩子一定会喜欢。

🥄 材料准备

- ● 胡萝卜　　　　80克
- ● 高筋面粉　　　200克
- ● 鸡蛋　　　　　1个
- ● 白砂糖　　　　15克
- ● 奶粉　　　　　10克
- ● 黄油　　　　　10克
- ● 酵母粉　　　　3克
- ● 熟黑芝麻　　　2克
- ● 盐　　　　　1/2茶匙

🍴 制作方法

胡萝卜洗净去皮，放入料理机，加入45毫升水，打成浓稠的糊状。

盆中加入胡萝卜糊，打入鸡蛋，加入酵母粉，充分搅打均匀，再加入白砂糖、盐、奶粉、高筋面粉，搅拌至无干粉、成团的高筋状态，盖上保鲜膜密封，静置15分钟。

盆中加入软化的黄油，手上抹一些黄油，拉起面团，从外向内折叠面团并反复摔打，直至黄油被完全吸收，将面团收圆，盖好保鲜膜密封，放在温暖的地方发酵。

面团发酵至2倍大时，在案板上撒干粉，将面团取出，表面撒少量干粉（或在手上抹油），将面团排气收圆。

收圆的面团分为4份，每一份小面团滚圆。

炸篮内放入油纸盘，将滚圆的面团间隔码好，表面喷一层水，推入空气炸锅，静置发酵20分钟。

发酵至面团略胀发，再喷一层水，表面撒上熟黑芝麻。

面团放入空气炸锅，180摄氏度烤制5分钟定型，取出炸篮，在面包上盖锡纸，并用重物压住，继续烤制15分钟即可去掉锡纸，放在烤网上凉凉。

小贴士

◎本食谱中面团较软，操作时要轻柔，可在手上适量抹油来操作，撒干粉时也要少量地加，否则会影响成品口感。

吃不停口的
放心零食

糖烤栗子

扫一扫 跟着做

| 烤制温度 180 摄氏度 | 烤制时间 19 分钟 | 烤易度 ★★ 2颗星 |

🥄 材料准备

- 栗子   400克
- 白砂糖   20克
- 蜂蜜   10克

🍴 制作方法

栗子洗净,用刀轻轻在栗子壳上砍出十字形的口子。

取一个小碗,加入白砂糖、蜂蜜和30毫升水调成糖汁。

炸篮内放入油纸盘,平铺放入处理好的栗子。

栗子放入空气炸锅,180摄氏度烤制15分钟,至栗子开口,淋入一半糖汁,用刷子均匀涂抹在每一颗栗子上。

继续烤制2分钟,取出后将剩余全部糖汁倒入,用刷子刷匀,并在栗子开口处多刷一些糖汁,继续入锅烤制2分钟即可出锅装盘。

小贴士

◦栗子一定要开口后入锅,这样在烤制过程中不会爆裂,也方便糖水浸入,使成品更香甜。

◦给栗子砍口时要用重一点的刀,太小的刀容易划伤手。

烤制温度 **160** 摄氏度　烤制时间 **4** 分钟　难易度 ★ **1颗星**

水晶枣夹核桃

扫一扫 跟着做

🥄 材料准备

● 红枣	130克
● 核桃仁	100克
● 白砂糖	40克
● 熟黑芝麻	3克
● 熟白芝麻	3克
● 小苏打粉	1/5茶匙

🍴 制作方法

小苏打粉加入开水中，将核桃仁放入开水焯烫1分钟后捞出，沥干水分备用。

用水果刀切开红枣肉，沿着果核转一圈，将枣核去除，去枣核后夹入核桃仁。

红枣开口处朝上，平铺在炸篮中，160摄氏度烤制4分钟后取出降温，放在耐热的盘中。

小锅内加入白砂糖和30毫升水，糖水由大泡转成小泡时，用筷子蘸糖浆，提起来不滴落时投入一碗凉水，糖粒不粘手糖浆就是熬好了。

迅速将熬好的糖浆淋在枣夹核桃仁上，趁热撒上熟黑芝麻和熟白芝麻，待完全凉透后，可用小铲子辅助取出。

小贴士

○ 用小苏打水焯烫核桃仁可有效去除核桃的苦涩味。

○ 熬糖水时一定要仔细观察糖的变化，不能中途离开，糖浆熬过了会有苦味，熬得不够会粘手。

193

琥珀核桃

扫一扫 跟着做

烤制温度	烤制时间	难易度
180,160 摄氏度	12 分钟	★ 1颗星

材料准备

● 核桃仁	200克
● 蜂蜜	40克
● 白砂糖	15克
● 熟黑芝麻	5克
● 熟白芝麻	5克

制作方法

核桃剥皮取仁（如果用剥好的核桃仁，则要洗一下）。

将蜂蜜、白砂糖和30毫升的水在碗中混合均匀成糖浆。

取一个锡纸盘，平铺放入核桃仁，淋入糖浆，充分翻拌均匀，让每颗核桃仁都均匀粘上糖浆，撒入熟黑芝麻和熟白芝麻，再次翻拌均匀。

炸篮中放入锡纸盘，180摄氏度烤制7分钟，取出翻拌，降温至160摄氏度，再烤制5分钟，再次翻拌，视上色情况可继续烤制2分钟。

取出核桃仁倒在防粘油布上，摊开凉凉，凉透后如有粘住的核桃仁将其轻轻掰开即可，装入密封瓶放阴凉处保存，尽快吃完。

小贴士

◇如果选用的核桃仁颗粒大小不均匀，上色度会不同，后期降温烤制时需要多观察，防止烤煳。

烤制温度
150
摄氏度

烤制时间
15~20
分钟

难易度
★
1颗星

扫一扫 跟着做

桂花山楂

🍯 材料准备

- 山楂   350克
- 白砂糖   50克
- 干桂花   2克
- 熟白芝麻   2克
- 盐   1/5茶匙

✂ 制作方法

山楂放进盆中，加入盐，倒入水，揉搓洗净，控水捞出；放在案板上，用笔杆（或粗吸管）从山楂一头穿过去核。

将去核的山楂放入盘中，加入白砂糖，翻拌均匀，腌制5分钟。

取一个耐酸的锅，加入腌好的山楂，加入30毫升的水，中小火加热到水分完全蒸发，中途可轻轻翻拌，让每一颗山楂都挂上糖汁。

将处理好的山楂整齐地放入炸篮，150摄氏度烤制15~20分钟。

出锅装盘，趁热撒入干桂花和熟白芝麻。

小贴士

◎山楂快速去核方法：用空心的笔杆或结实的粗吸管，在山楂的一端往下压，感觉碰到核换另一端再压一下，顺势往外一顶，山楂核就出来了。

烤泡泡薯角

扫一扫 跟着做

烤制温度
180
摄氏度

烤制时间
25
分钟

难易度
★
1颗星

🥄 材料准备

- 土豆　　　　　　　2个
- 盐　　　　　　　1茶匙
- 自制香辣烧烤料　1/2茶匙
- 黑胡椒粉　　　　1/2茶匙

🍴 制作方法

土豆洗净去皮，切滚刀块。

切好的土豆放入保鲜盒中，加入盐，晃动盒子让盐均匀分布，盖上盖子腌制15分钟。

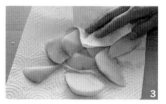

土豆腌至稍稍打蔫变软后加水洗净，放在厨房纸上，充分吸去水分。

土豆放入炸篮，喷一层油，180摄氏度烤制10分钟，取出翻面，继续烤制15分钟，至土豆金黄起泡。

将烤好的土豆放入散气好的容器里，撒上自制香辣烧烤料和黑胡椒粉即可。

小贴士

◇土豆不可切得太大，否则表面不容易起泡，影响口感。

◇自制香辣烧烤料可用辣椒粉代替，成品调味可按个人口感，不喜欢辣味也可以不放。

烤制温度 190 摄氏度	烤制时间 35 分钟	难易度 ★ 1颗星

冰糖银耳烤梨

扫一扫 跟着做

🍲 材料准备

梨	2个
枸杞	10粒
红枣	2个
免煮雪银耳	3克
冰糖	10克

🍴 制作方法

1. 梨洗净，切下蒂头部分备用，挖出果核，制成小碗。

2. 红枣和枸杞洗净；梨中放入免煮雪银耳、红枣、冰糖、枸杞，倒入水。

3. 将蒂头部分盖在梨碗上，用锡纸包严实，放入炸篮，190摄氏度烤制35分钟。

4. 取出炸篮，稍放凉后揭开锡纸，将梨小心地移到盘中。

5. 等到梨不太烫时即可打开上部的盖子，喝汤吃梨。

小贴士

- 要挑选比较周正的梨，以能平稳地立在炸篮中。
- 裹在梨上的锡纸要包严，防止爆汁和上色不均匀。
- 烤好降温后再将梨从锡纸中取出，以免烫伤。

炸薯条

扫一扫 跟着做

烤制温度 **200** 摄氏度　烤制时间 **14** 分钟　难易度 ★ **1** 颗星

材料准备

- 土豆　　　　　2个
- 盐　　　　　　2克
- 黑胡椒粉　　1/2茶匙

制作方法

土豆洗净去皮，切粗条。

切好的土豆条放入盆中，加入盐，摇晃盆使盐均匀分布，腌制15分钟。

空气炸锅200摄氏度预热5分钟；用厨房纸吸去腌制土豆条逼出的水分。

油纸盘中喷一层油，平铺放入土豆条，再均匀撒上一点儿黑胡椒粉，表面均匀地喷一层油。

土豆条放入空气炸锅，200摄氏度烤制7分钟，取出轻轻翻面，继续烤制7分钟即可出锅装盘，搭配番茄酱食用，口感更佳。

小贴士

- 将腌制好的土豆条放入空气炸锅时，注意不要过度填充，这样可以保证空气流通，让烤出的土豆条更加酥脆。
- 出锅后可视薯条硬度和上色情况，适当延长1分钟烤制时间。

198

烤制温度
160
摄氏度

烤制时间
8
分钟

难易度
★
1 颗星

扫一扫 跟着做

盐烤坚果

🥄 材料准备

● 生腰果	50克
● 生核桃仁	50克
● 生杏仁	50克
● 黄油	6克
● 盐	12克

✂️ 制作方法

盆中加入1000毫升水，将10克盐加入水中，搅拌至溶化。

生腰果、生核桃仁、生杏仁加入水中，轻轻揉搓清洗，在盐水中浸泡15分钟。

捞出所有坚果沥干水分，用厨房纸擦干水；炸篮中放入油纸盘，平铺码好坚果。

坚果放入空气炸锅，160摄氏度烤制5分钟，取出炸篮，放入黄油并趁热拌至熔化，再撒入2克盐翻拌均匀。

继续烤制3分钟，出锅后放在通风处凉凉后，放进密封瓶保存。

小贴士

○ 烤坚果时温度不宜过高，需要及时观察，烤至轻微上色即可，防止烤糊。

○ 刚出锅的坚果口感并不酥脆，要将其彻底放凉后才会酥脆。

芝士土豆泥

扫一扫 跟着做

烤制温度	烤制时间	难易度
180 摄氏度	24 分钟	★ 1颗星

材料准备

土豆		2个
胡萝卜		80克
火腿肠		50克
椰奶		1汤匙
马苏里拉芝士		40克
盐		1/2茶匙
黑胡椒粉		1/2茶匙

制作方法

土豆洗净，去皮切片；胡萝卜洗净，去皮切片；锅中烧开水，放入土豆片、胡萝卜片隔水蒸至软烂；火腿肠切碎。

将蒸好的土豆片和胡萝卜片趁热碾压成泥，加入火腿肠碎，加入盐和黑胡椒粉，搅拌均匀，视土豆泥的稠稀程度适当加入椰奶翻拌均匀。

在盘内将拌好的土豆泥大致分为8份，取一份压扁，中间放入芝士，四周向中间合拢，团成椭圆状压扁，依次处理完所有土豆泥。

炸篮内放入油纸盘，喷一层油，放入压好的土豆泥（如果炸篮容量较小，可分2次烤）。

土豆泥表面喷一层油，180摄氏度烤制12分钟，用铲子翻面，继续烤制12分钟，至表面深金色即可出锅装盘。

小贴士

◎土豆品种不同，含水量不一样，请按实际情况加入椰奶（或牛奶）中和土豆泥的硬度，如果土豆泥本身已经很稀、很软，就不必再加入其他液体。

烤制温度	烤制时间	难易度
180 摄氏度	40 分钟	★★ 2颗星

自制草莓酱

扫一扫 跟着做

🍳 材料准备

- 草莓　　　　500克
- 白砂糖　　　　50克
- 柠檬　　　　1/2个

🍴 制作方法

草莓洗净去蒂，切小块。

取出炸锅里的烤网，直接将草莓块放入炸锅内胆，180摄氏度烤制10分钟。

取出炸篮，加入白砂糖并挤入几滴柠檬汁，搅拌均匀后继续烤制30分钟。

烤制过程中，每隔5分钟取出搅拌一下。

直至汤汁收浓呈酱状，放入密封瓶保存即可。

小贴士

- 烤制时间可按个人喜好进行调整，过程中多观察、及时搅拌即可，不一定限定为5分钟。
- 烤制过程中，可按个人喜好调整柠檬汁的用量。

红糖糍粑

烤制温度
180
摄氏度

烤制时间
20
分钟

难易度
★★
2颗星

扫一扫 跟着做

红糖浆和黄豆粉是糍粑的灵魂，必不可少。糯香扑鼻让人顾不上烫嘴，一边吃，一边拉丝。

🥢 材料准备

- 糯米粉　　　　150克
- 白砂糖　　　　15克
- 熟黄豆粉　　　8克
- 红糖　　　　　50克

🍴 制作方法

将糯米粉和白砂糖在盆中混合翻拌均匀，将120毫升、80摄氏度以上的热水绕圈淋在粉上，一边加水一边用筷子快速搅拌。

直至粉团搅拌成絮状，用手揉成团。

案板上喷一层油，放上粉团，轻揉几下至表面光滑。

用擀面杖将粉团擀成厚度约1厘米的长方形，再切成手指宽的粗条。

炸篮内放入油纸盘，喷一层油，间隔放入切好的糯米条，再喷一层油，180摄氏度烤制10分钟。

取出炸篮，将糯米条翻面，有粘连的要分开，继续烤制10分钟。

烤制糯米条的同时熬煮糖浆，锅中加入红糖和50毫升水，煮开至糖浆变浓稠但仍可流动的状态，关火备用。

糯米条烤至表面金黄并膨胀即可出锅装盘，趁热撒上熟黄豆粉，淋上糖浆。

小贴士

- 和糯米团时要用较热的水，让糯米更软糯，更有黏性，熬煮糖浆时则要用冷水，这样熬出来的糖浆会更细腻，不会有颗粒或结晶。

- 如果没有黄豆粉，可以不用，或用椰蓉代替，味道也很好。

红豆麻团

烤制温度
180
摄氏度

烤制时间
16
分钟

难易度
★★★
3颗星

扫一扫 跟着做

看上去就是普通的麻团，掰开后才发现里面别有洞天，塞得满满的红豆馅，看着就让人感到满足。

材料准备

- 糯米粉   100克
- 红豆馅   180克
- 白砂糖   20克
- 熟白芝麻   50克
- 植物油   10克

制作方法

将红豆馅分成约每份20克。

奶锅中加入白砂糖和80毫升水，开小火，搅拌至糖溶化，煮开后马上关火。

将糖浆分次倒入糯米粉中，边倒边搅拌，至糖浆全部倒完。

将拌入糖浆的糯米粉揉成柔软的粉团，放在案板上，搓成长条，分为9份。

手上蘸干米粉防粘，取一份粉团压扁，包一份红豆馅，用虎口辅助收紧，团成球状。

准备3个碗，分别加入水、植物油、熟白芝麻，先让麻球裹上少量水，然后放进熟白芝麻碗里滚一圈，均匀裹上熟白芝麻，最后滚一圈油。

炸篮内放入油纸盘，间隔码好处理好的麻球。

麻球放入空气炸锅，180摄氏度烤制10分钟，轻轻翻面，继续烤制6分钟至表面金黄即可出锅装盘。

小贴士

- 熬糖浆时，烧开后要立即关火，以免水分蒸发过多。
- 滚油这一步不能省略，这样出来的成品颜色更亮、更均匀。

糖沙芋头

扫一扫 跟着做

烤制温度
180
摄氏度

烤制时间
20
分钟

难易度
★
1颗星

🍴 材料准备

- 荔浦芋头　　　　300克
- 白砂糖　　　　　50克
- 熟白芝麻　　　　5克
- 葱花　　　　　　适量

🍴 制作方法

1 戴上手套，洗净荔浦芋头，去皮后切成两指宽的粗条。

2 炸篮中放入油纸盘，码好芋头条，喷一层油，揉搓芋头条，让每根芋头条都粘上油。

3 芋头条放入空气炸锅，180摄氏度烤制10分钟，取出翻面，再喷一层油，继续烤制10分钟，至芋头条可用筷子戳通即可取出备用。

4 炒锅中加入白砂糖和40毫升水，小火煮到水分蒸发，糖浆熬煮至大泡转为密集的小泡时关火。

5 放入芋头条快速翻拌，加入葱花、熟白芝麻，继续翻拌，防止粘连，随着糖浆温度下降，芋头条外层会形成一层白霜，即可出锅装盘。

小贴士

- 芋头要选荔浦芋头，不能使用小的芋芳，否则会影响口感。
- 熬糖浆时要耐心观察火候，待糖液形成密集的小泡再放入芋头条。

烤制温度 **120** 摄氏度

烤制时间 **75** 分钟

难易度 ★ 1颗星

扫一扫 跟着做

苹果脆片

🥄 材料准备

- 苹果　　　　　1~2个
- 盐　　　　　　1/2茶匙

🍴 制作方法

苹果洗净，横切成均匀的薄片，取出果核。

碗中加入盐和水混合均匀，将切好的苹果片放入水中浸泡15分钟。

苹果片沥干水分，用厨房纸吸去多余水分，平铺在炸篮中。

苹果片放入空气炸锅，120摄氏度烤制15分钟，取出翻面，再烤制15分钟，共烤制5个15分钟。

随着翻面和烘烤，苹果片会逐渐脱水，要将粘连在一起的苹果片掰开，烤至两面金黄、干爽即可出锅装盘。

小贴士

◦ 如果苹果片切不薄，可以使用擦板等辅助工具来切，使苹果片厚薄一致。

◦ 可以借助裱花嘴切掉苹果核。

卡通饼干

扫一扫 跟着做

烤制温度 160 摄氏度	烤制时间 10 分钟	难易度 ★★ 2 颗星

🍳 材料准备

● 低筋面粉	100克
● 糖粉	25克
● 黄油	50克
● 鸡蛋液	16克

🍴 制作方法

碗中放入黄油,待自然软化至膏状,加入糖粉,充分搅拌均匀至黄油和糖粉完全融合。

碗中分3次加入鸡蛋液,每次打至完全吸收再加蛋液,直至打到黄油成轻盈膨胀状态,加入低筋面粉,用刮刀压拌成面团。

将面团放入保鲜袋中,压扁成面片,放入冰箱冷冻15分钟。

取出面片,用擀面杖辅助擀薄。将保鲜袋剪开,用卡通饼干模具压取喜欢的形状。

炸篮内放入油纸盘,饼干间隔码好,160摄氏度烤制10分钟,至饼干边缘略上色即可取出凉凉食用。

小贴士

◇黄油一定要软化至柔软如牙膏的状态才可以使用。

◇冷冻面团是为了让面团定形,利于压花操作,如果在制作中感觉面团升温回软,可再次冷冻后操作。

208

烤制温度
180
摄氏度

烤制时间
12
分钟

难易度
★
1颗星

扫一扫 跟着做

香蕉一口酥

🍃 材料准备

- 香蕉   3根
- 鸡蛋   2个
- 玉米淀粉   30克
- 面包糠   30克
- 沙拉酱   适量

✂ 制作方法

鸡蛋打散备用；玉米淀粉和面包糠分别放在两个盘子中。

将香蕉去皮切成适口的小段，先裹一层玉米淀粉，再抖掉多余的粉。

将香蕉块放进鸡蛋液中均匀包裹上一层蛋液。

再将香蕉块放入面包糠中，让香蕉块裹满面包糠。

香蕉块间隔放入炸篮，180摄氏度烤制12分钟，烤至表面金黄即可出锅装盘，淋沙拉酱食用。

小贴士

- 可以将香蕉串上竹签整根来烤制，这样好看又好吃。
- 面包糠可以选择黄金面包糠，这样烤制出来的成品颜色更加好看。

烤牛奶

烤制温度
190
摄氏度

烤制时间
10
分钟

难易度
★★
2颗星

扫一扫 跟着做

如果家里有不爱喝奶的娃，不妨试试这款烤牛奶，创意十足又营养丰富，一定会让娃一口爱上。

🍳 材料准备

- 鸡蛋　　　　　　2个
- 牛奶　　　　　500毫升
- 白砂糖　　　　　35克
- 玉米淀粉　　　　50克
- 蛋液　　　　　　适量

小贴士

◎每加一样原料都要充分搅拌
后再加下一样，避免淀粉沉底。

◎如果想尽快食用，奶糊煮好后
可冷冻30分钟，取出直接烤制。

🔪 制作方法

盆中加入玉米淀粉，加入牛奶搅拌均匀。

盆中加入白砂糖搅拌至糖溶化，打入鸡蛋搅拌均匀。

将搅拌好的牛奶蛋液过筛到锅里。

开小火，一边加热一边不停搅拌，不要让牛奶糊底。

加热到牛奶蛋液变成浓厚的糊状，刮刀划过有明显的纹路时关火。

将牛奶蛋液倒入保鲜盒，震出气泡，抹平表面，稍凉凉后放入冰箱冷藏过夜。

取出牛奶蛋液并将保鲜盒倒扣，轻拍震动盒底，奶蛋块会轻松出模，切成自己喜欢的块状即可。

炸篮中放入油纸盘，将奶蛋块间隔码好，表面均匀刷一层蛋液。

空气炸锅190摄氏度烤制10分钟，至奶蛋块表层有焦斑即可出锅装盘。

糯叽叽麻薯

烤制温度
180
摄氏度

烤制时间
30
分钟

难易度
★★
2颗星

扫一扫 跟着做

麻薯的口感是软糯中带着韧劲，混合着干桂花，真是越嚼越香。还可以在搅拌好的麻薯面糊中加入蔓越莓、葡萄干等，让口感更丰富。

🍳 材料准备

- 糯米粉   100克
- 牛奶   120毫升
- 玉米淀粉   40克
- 白砂糖   20克
- 黄油   20克
- 干桂花   2克

🍴 制作方法

取一个与炸锅内胆容量匹配的大碗,将80克糯米粉和玉米淀粉混合。

大碗中加入白砂糖、牛奶、干桂花,搅拌均匀成无颗粒的面糊备用。

炸篮内胆倒入一层水,将大碗放在烤网上。

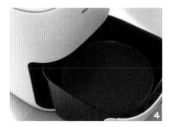

大碗表面盖上一个耐热的盖子,180摄氏度烤制30分钟至面糊完全凝固。

烤制期间,将20克糯米粉放进锅里,炒成微黄成熟粉备用。

取出炸篮内的大碗,趁热加入黄油。

按压并搅拌,使黄油完全被吸收。

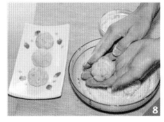

手上蘸熟粉防粘,取一块糯米团,揉成自己喜欢的形状,依次处理完即可装盘。

小贴士

◎除了用大碗,还可以使用固底的蛋糕模具来制作麻薯,但表面应用锡纸盖住。

全麦太阳吐司

扫一扫 跟着做

| 烤制温度 135 摄氏度 | 烤制时间 10 分钟 | 难易度 ★ 1 颗星 |

材料准备

- 全麦吐司 ⋯⋯⋯⋯ 1 片
- 鸡蛋 ⋯⋯⋯⋯ 1 个
- 黄油 ⋯⋯⋯⋯ 2 克
- 白砂糖 ⋯⋯⋯⋯ 15 克
- 盐 ⋯⋯⋯⋯ 1/2 茶匙
- 欧芹碎 ⋯⋯⋯⋯ 适量

制作方法

1. 将鸡蛋的蛋黄和蛋清用无水无油的干净容器分离。

2. 用打蛋器将蛋清打至粗泡,加入白砂糖,低速搅拌至蛋白霜纹路明显,提起打蛋器有尖角的硬性发泡。

3. 取油纸盘,擦一层黄油,放上全麦吐司。将打好的蛋白霜堆砌在全麦吐司上,在中间挖一个洞,放入蛋黄。

4. 将油纸盘放入炸篮,135 摄氏度烤制 10 分钟,至蛋清表面凸起、部分变金黄即可出锅装盘。

5. 装盘后按个人喜好在蛋黄处撒盐、欧芹碎即可。

小贴士

- 蛋白霜要打发至硬性发泡,才能堆出不规则造型。
- 不同空气炸锅的温度控制能力略有差别,烤制过程中需及时观察,待蛋白边缘上色即可停火,以免烤焦,影响成品口感。